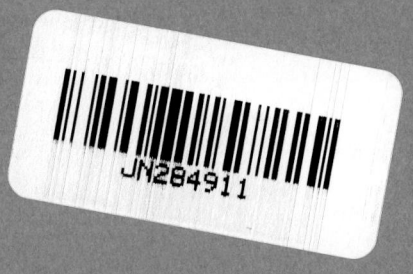

たのしく学ぼう

お天気の学校 12ヶ月

気象予報士 池田 洋人 著

はじめに

突然に空からカエルや魚が降ってきた！
目の前に光の柱が出現!!
太陽が東から昇らない？
お風呂あがりに濡《ぬ》れたままでいたら風邪を引いてしまった・・・。
こんなことがあったら、どうしてだろう？　と思いますよね。
これから始まる僕の授業を受けてもらえたら、
その疑問が全て解決するはず。
なぜかって？　それはどれも天気に関係していてちゃんと説明が付くことだからです。

おっと・・・ご挨拶《あいさつ》が遅れました。僕は今回天気の授業を担当する、「たいよう」といいます。みんなからは「たいよう先生」って呼ばれています。
12ヶ月に渡るお天気の学校では、天気に関するさまざまな疑問を僕と副担任の三日月先生が対話形式で解き明かしていきます。

学校の授業は苦手だって？
大丈夫！　僕の授業は１テーマ約３分の読みきりタイプ。気になる月からの途中入学も大歓迎です。
授業の難易度を５つの太陽マークで示しているので、やさしい授業から受けてみるのもいいかもしれませんよ。
学校の生徒たち、10種雲形《うんけい》の子雲は君のクラスメートになります。
子雲たちはとても好《こう》奇《き》心《しん》旺盛《おうせい》なので、たくさん「どうして？」「なんで？」と質問をぶつけてきます。
時には難題な質問もあるけど、身近なもので例えながらわかりやすく説明するのが「お天気の学校」のモットーです。
ね、ちょっと受けてみたくなったでしょ？

ちなみに、３月には卒業試験があるので、高得点目指して頑張ってもらえたらうれしいです。
さあ、授業を始めよう。

生徒紹介

層雲《そううん》(きり雲)

姉《あね》御《ご》肌《はだ》でしっかり者。下層に広がり、地上に下りると霧となる

乱層雲《らんそううん》(あま雲)

泣き虫。しとしと長雨を降らす

高層雲《こうそううん》(おぼろ雲)

いつもマイペース。ぼんやりして見えるけど、時々おぼろ月を演出する

高積雲《こうせきうん》(ひつじ雲)

イタズラ好き。ひつじのような雲の塊《かたまり》でできている

巻雲《けんうん》(すじ雲)

オシャレが好き。小さな氷の粒でできている

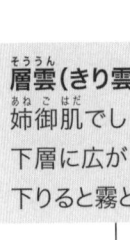

層積雲《そうせきうん》(くもり雲)
お調子者。雲海《うんかい》をもたらすので登山者からも人気がある

積雲《せきうん》(わた雲)
気まじめな優等生。ぽっかり浮かび、成長すると積乱雲に

積乱雲《せきらんうん》(入道雲《にゅうどうぐも》)
背が高くてちょっと乱暴。集中豪雨の主犯雲

巻積雲《けんせきうん》(うろこ雲)
独創的な不思議ちゃん。レンズ雲としてUFOに間違えられることも

巻層雲《けんそううん》(うす雲)
絵や工作が得意。太陽や月に光の輪をつくる

目次

3月 ……… 153

たのしく学ぼう

お天気の学校

12ヶ月

4月

移《い》動《どう》性《せい》高《こう》気《き》圧《あつ》の影響で、全国的にすがすがしい陽気

この時期の雨を「菜《な》種《たね》梅《づ》雨《ゆ》」と呼ぶよ

北海道を除いた全国で、桜が満開になる頃だなぁ

4月
1

雲《くも》は水蒸気《すいじょうき》でできてない？

難易度

雲《くも》は何《なに》でできているのって聞《き》かれたら、「水蒸気《すいじょうき》」って答《こた》える人《ひと》って多《おお》いんじゃないかな？　これ本当《ほんとう》は違《ちが》うんですよ。

えっ!　ヤカンの口《くち》から出《で》る白《しろ》い湯気《ゆげ》は水蒸気《すいじょうき》でしょ?

➡水蒸気は水が完全に「気体」になった状態だから、空気といっしょで無色透明、見ることはできません。湯気が白く見えるのは、水蒸気が「気体」から小さな水の粒の「液体」に変わったからです。雲も同じ理由で白く見えます。そしてこの粒を雲粒《くもつぶ》っていいます。

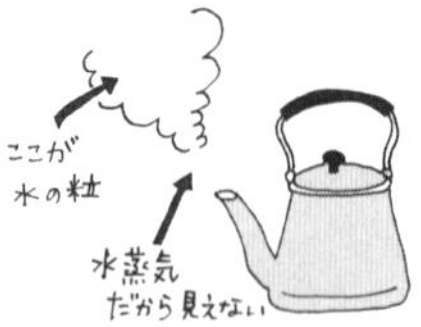

蒸気《じょうき》と水蒸気《すいじょうき》は同《おな》じ意味《いみ》かな?

➡水に限らずモノが気体になった状態を蒸気といいます。世の中にはいろいろな種類の蒸気があるのだけど、生活の中では水の蒸気が一番身近なので、蒸気といったら水の蒸気（水蒸気）をさすことが多いようです。

雲粒《くもつぶ》がどのくらい集《あつ》まると雲《くも》になるの?

➡雲の中には、1cm^{3}あたり50～500個ぐらいの水や氷の粒（雲粒）が含まれているといわれています。雲粒の大きさは直径0.02～0.2mm程なので、雲の中は意外とスカスカの状態なんです。ふっくらした雲を見ていると、たくさん水を含んでいるように思えるけどね。

ちょっと一言いいかしら？

雲粒と雨粒の比較のお話を少々

■大きさの比較

雲粒の直径0.02～0.2mm程に対して、雨粒の直径は1～3mm程。雲粒をゴマ粒にたとえたら、雨粒はサッカーボールぐらいの大きさです。

■数の比較

雲粒と雨粒の体積を比較すると1,000～100万倍の差になります。雨粒一つを作るのに何百万個の雲粒が必要になります。そう考えると雨ってとっても貴重ですね。

雲《くも》ができる手順《てじゅん》　～材料《ざいりょう》（水蒸気《すいじょうき》）があること～

料理にはまず材料が必要だね。ヤカンから出る白い湯気は、小さな水の粒がたくさん集まったものだと説明したけど、その材料は水蒸気だったね。だから、雲ができるには水蒸気は不可欠、たくさん必要になります。

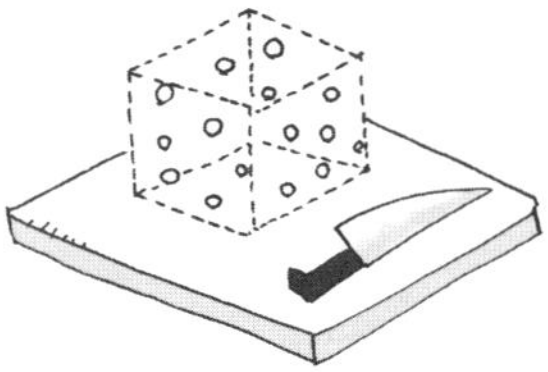

雲《くも》ができる手順《てじゅん》　～環境《かんきょう》（上昇気流《じょうしょうきりゅう》）があること～

材料（水蒸気）がそろったら、次は料理を作るための環境が必要です。
水蒸気を雲粒へ変化させるためには、気温を下げて空気が冷やされる環境が必要になります。その環境を作るのが上昇気流です。空気は上空に運ばれると膨らんで温度が下がる性質をもっているからです。

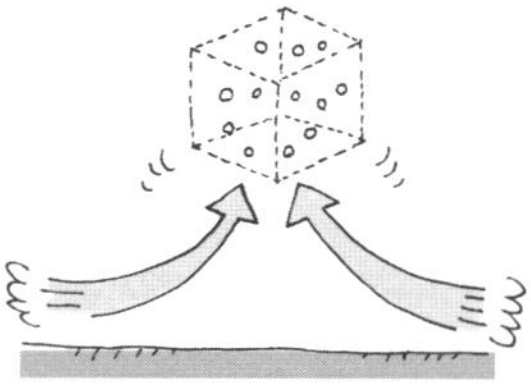

雲《くも》ができる手順《てじゅん》　～仕上《しあ》げの調整《ちょうせい》（雲粒《くもつぶ》の核《かく》）～

材料（水蒸気）があって、環境（上昇気流）が整っても、簡単には水蒸気は雲粒に変化しません。
雲粒を作るためにはもう一つ、核となるものが必要になります。空気中にチリやホコリが含まれていると、それが核となって雲粒が作られていきます。
料理でいうところの、仕上げの塩・コショウといったところかな。

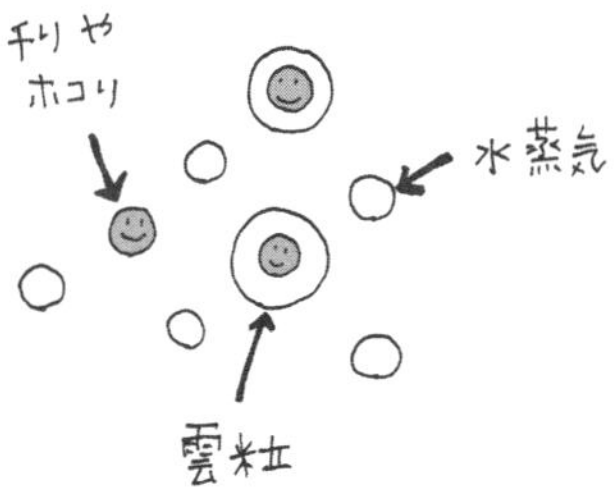

今日のおさらい

- 雲《くも》は「水《みず》の粒《つぶ》」や「氷《こおり》の粒《つぶ》」の雲粒《くもつぶ》でできている
- 雲粒《くもつぶ》の大《おお》きさは直径《ちょっけい》0.02～0.2mm程《ほど》。雲《くも》の中《なか》は意外《いがい》とスカスカ
- 雲《くも》ができるための必要《ひつよう》な３つのこと。水蒸気《すいじょうき》、上昇気流《じょうしょうきりゅう》、チリやホコリ

関連の授業 ➡ 5月-3　8月-1　1月-5

4月
2

雨《あめ》は涙《なみだ》の形《かたち》で降《ふ》ってくる?

難易度

霧雨《きりさめ》、細雨《さいう》、大雨《おおあめ》、豪雨《ごうう》…日本《にほん》には雨《あめ》の強《つよ》さや降《ふ》り方によっていろいろな表《ひょう》現《げん》があります。雨粒《あまつぶ》のイラストを描《か》くとしたら、どんなふうに描《か》くかな?

水道《すいどう》の蛇口《じゃぐち》から垂《た》れる水滴《すいてき》と同《おな》じで涙型《なみだがた》?

➡確かに蛇口から垂れる瞬間は、水滴は涙型をしているよね。でも蛇口から離れると涙型ではなくなってしまうはず。雨粒《あまつぶ》も空から落下している状態なので、涙型で落ちてくることはありません。

ボールのように丸形《まるがた》で落《お》ちてくるんじゃないかな?

➡正解!　水は表面をできるだけ小さく縮めようという力があります。この表面張力《ひょうめんちょうりょく》という力の影響で、雨粒は表面積が一番小さい丸になろうと努力します。だから雨粒の形は丸型。なんだけど、実は違う形もあるんですよ〜。

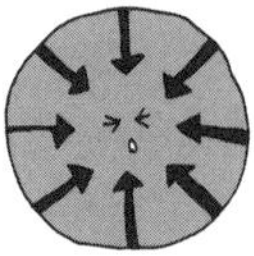

降《ふ》る強《つよ》さによって、雨《あめ》の形《かたち》って変《か》わるのかな?

➡雨の強さや降り方で「霧雨《きりさめ》」や「豪雨《ごうう》」など、呼び名が変わるように、雨粒の形も変化するんです。直径が1mm程以下の小さな「霧雨」の場合は、表面張力の影響が強くて丸型を維持できるけど、「豪雨」のような3mm程以上の大きな雨粒だと、空気の抵抗で下から押されて変形して落ちてきます。

ちょっと一言いいかしら?

雨粒の落下スピードのお話を少々

雨が降ってくるスピードは、粒の大きさによって異なります。大きな粒ほど速く地上に落ちてきます。

- ・直径1mm程の弱い雨　：　6m/秒程
- ・直径3mm程の強い雨　：　8m/秒程
- ・直径5mm程の激しい雨：　10m/秒程

10m/秒というと、100mを10秒で走るアスリート並みのスピードですね。

❖「降《ふ》る雨《あめ》」と「とどまる雨《あめ》」

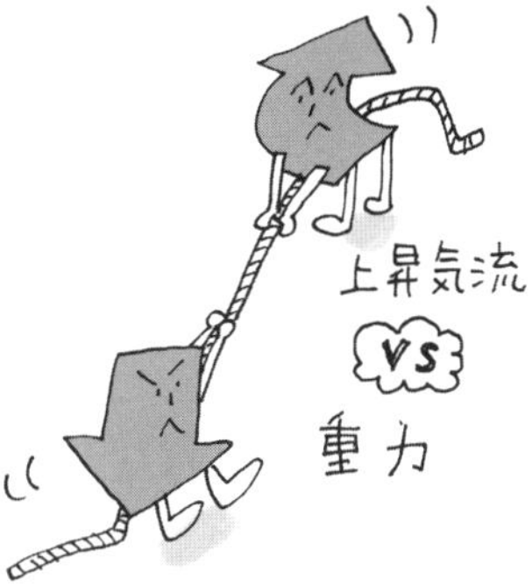

雨粒が小さいときは、下に引っ張られる「重力」と、上空に運ぶ「上昇気流」の綱《つな》引《ひ》きによるバランスで、雲の中にとどまっています。

しかし、雲の中で雨粒が大きく成長してくると、上昇気流より重力が勝って雨となって落ちてきます。

雲の中の条件にもよるけど、だいたい直径0.2mm程以上になると重力が優勢になるようです。0.2mmだと雨の形は丸型です。

❖大粒《おおつぶ》の雨《あめ》が降《ふ》ってくる理由《りゆう》

小さな雨粒は、水蒸気を取り込みながら成長を続けます。この過程を拡散過程《かくさんかてい》といいます。そして、大小の雨粒や氷粒がぶつかり合い吸収されて、雨粒はどんどん大きくなります。発達した積乱雲《せきらんうん》では、激しい上昇気流があるので、雨粒は長い間雲の中にとどまることができ、大粒の雨に成長していくわけだね。

❖雨粒《あまつぶ》は無限《むげん》に大《おお》きくならない

雲から落下する途中でも、周りの雨粒と合体しながらどんどん大きく成長していきます。これを併合過程《へいごうかてい》といいます。

ある程度成長すると表面張力が小さくなってしまうので、空気の抵抗で下から押されて、雨粒の形は歪められてしまいます。ちょうど肉まんのような形になるんです。

でも本物の肉まんぐらいの大きさで雨粒が降ってくることはもちろんありません。

だいたい直径５～7mm程まで成長すると、歪みがひどくなってバラバラに分裂してしまい、小さな丸型の雨粒に戻ってしまうんです。

今日のおさらい

- **水《みず》は表面張力《ひょうめんちょうりょく》で丸《まる》くなる**
- **雨《あめ》の形《かたち》は、丸型《まるがた》と肉《にく》まん型《がた》の２種類《しゅるい》**
- **雨粒《あまつぶ》の大《おお》きさの限界《げんかい》は５～７mm《ミリメートル》。どこまでも成長《せいちょう》しない**

関連の授業 ➡ 6月-1　9月-2

4月
3

霧《きり》はどうしてできるの?

難易度

霧《きり》は小《ちい》さな水《みず》の粒《つぶ》が空気中《くうきちゅう》に浮《う》かんでいるという意味《いみ》では、実《じつ》は雲《くも》と同《おな》じなんです。でも発生《はっせい》する仕組《しく》みはバラエティに富《と》んでいるんだ。

霧《きり》と雲《くも》が同《おな》じなら、どうやって区別《くべつ》をつけているの?

➡これはすごく簡単なんです。白いモヤモヤの発生した場所が地面付近だったら霧、上空に浮かんでいたら雲になります。地上に発生した雲が霧と覚えておこう。

白《しろ》いモヤモヤが山頂《さんちょう》にかかっていたら霧《きり》? それとも雲《くも》?

➡答えは見る人の場所によって違います。登山やドライブで白いモヤモヤの中にいる人にとっては霧になるし、それを麓から見た人にとっては雲になるんだ。

「もや」と霧《きり》は同《おな》じ意味《いみ》かな?

➡「もや」と霧は、発生する仕組みは同じだけど、モヤモヤの濃さ(視《し》程《てい》)で区別します。視程が1km未満(1km以上が見えない)が霧、1km以上10km未満をもやとよびます。ちなみに、視程が陸上でおよそ100m以下、海上で500m以下の場合は濃霧《のうむ》になります。

ちょっと一言いいかしら?

逆転層のお話を少々

通常、上空にいくほど気温が低くなるのが普通ですが、夜間の放射冷却によって地上付近の空気が冷やされると、上空にいくほど気温が逆に高くなる層が発生することがあります。この空気の層を逆転層といいます。冬季に雲がない夜間に陸上で発生しやすく、逆転層は霧が発生しやすい条件の一つです。

霧《きり》のでき方《かた》　~気温《きおん》が下《さ》がってできる霧《きり》~

【放射霧《ほうしゃぎり》】

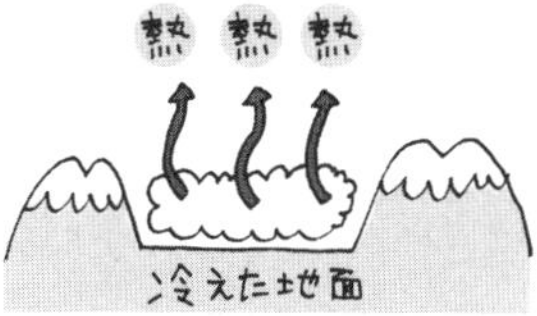

風が弱くてよく晴れた夜間は、地面の熱が上空にどんどん逃げていくので、地面付近の気温が下がっていきます。これを放《ほう》射冷却《しゃれいきゃく》といい、この現象がおきると、冷えた空気中の水蒸気が水滴に変わって霧が発生します。

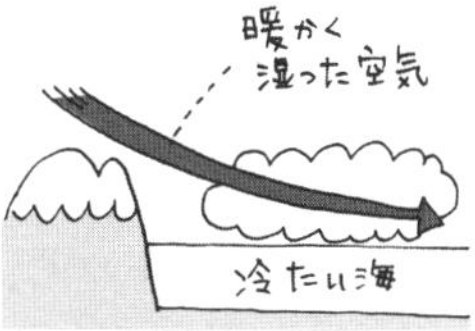

【移流霧《いりゅうぎり》】

暖かくて湿った空気が冷たい場所に移動するとき、下から冷やされて発生する霧を移流霧といいます。ちなみに移流とは気象の専門用語で、空気のかたまりが水平方向に移動することをいいます。

【滑昇霧《かっしょうぎり》】

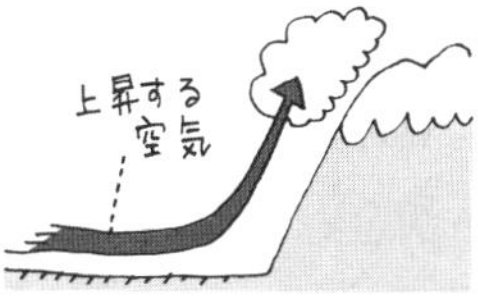

空気が山の斜面を上昇するとき、気圧が下がって空気が冷えることで発生する霧を滑昇霧といいます。麓《ふもと》から見た人にとっては、山に雲がかかったように見えるわけだね。

霧《きり》のでき方《かた》　~水蒸気《すいじょうき》が補給《ほきゅう》されてできる霧《きり》~

【蒸気霧《じょうきぎり》】

暖かい水面上に冷たい空気が流れ込むと、水面から蒸発した水蒸気が補給されて霧が発生することがあります。この霧を蒸気霧といいます。冬に「ハァ ~」と吐いた息が白くなるのも同じ原理だよ。

【前線霧《ぜんせんぎり》】

前線付近で降った雨が、いったん蒸発して水蒸気になった後、再び冷えて発生する霧を前線霧といいます。冬のお風呂場でシャワーを使うとモクモクと湯気ができるのと同じ原理です。

今日のおさらい

- **霧《きり》と雲《くも》の違《ちが》いは、地面付近《じめんふきん》に発生《はっせい》したかどうかと、その人《ひと》がいる場所《ばしょ》**
- **視程《してい》1km未満《みまん》が霧《きり》で、1km以上《いじょう》10km未満《みまん》がもや。霧《きり》の方《ほう》が濃《こ》い**
- **気温《きおん》が下《さ》がってできる霧《きり》と、水蒸気《すいじょうき》が補給《ほきゅう》されてできる霧《きり》がある**

関連の授業 ➡ 8月-8　10月-4　11月-3

4月
4

風《かぜ》が吹《ふ》くのはどうして？

難易度

風《かぜ》とは空気《くうき》が動《うご》いた現象《げんしょう》のことをいうけれど、どうして空気《くうき》が動《うご》くのかというと、そこに「暖《あたた》かい空気《くうき》」と「冷《つめ》たい空気《くうき》」があるからなんです。

暖《あたた》められると空気《くうき》は軽《かる》くなるんだよね

➡そうだね、空気は暖められると膨らんで軽くなる。お風呂を沸《わ》かすと、表面が熱くても底の方は冷たいことってあるよね。これは「暖かいお湯」と「冷たい水」が対流しているからなんだ。空気と水が共通でもっているこの「対流」という性質が、空気を動かして風を生み出しているんだよ。

対流《たいりゅう》は大《おお》きな規模《きぼ》でもおきるの？

➡地球規模だと、赤道付近では空気が暖まりやすく、高緯度ほど冷えやすくなっています。このため、赤道付近で上昇気流、高緯度で下降気流が起きて、大きな対流がおきているんだよ。これを「大気の大循環《だいじゅんかん》」というんだ。

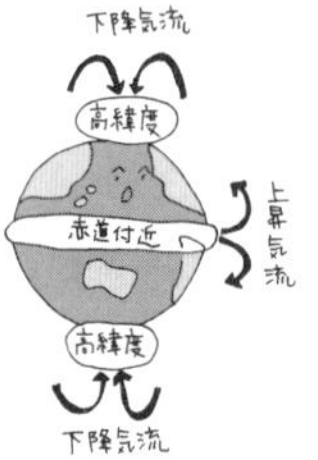

空気《くうき》にはどんな特徴《とくちょう》があるの？

➡空気の性質を覚えておこう。
①温度差があると、混ざり合う
②暖められると上に昇っていく。

ちょっと一言いいかしら？

風をおこす力のお話を少々

気圧の差によって生じる力を気圧傾度力といいます。風は気圧傾度力を原動力として、気圧が高い方から低い方に向かって吹くので、等圧線に対して直角に吹く理屈になります。しかし実際には、コリオリ力という地球が自転している力とバランスをとるので、等圧線が平行に走っている上空では、風は最終的に等圧線に向かって平行に進みます。これを地衡風《ちこうふう》といいます。

風《かぜ》が吹《ふ》く理由《りゆう》　～空気《くうき》の温度差《おんどさ》によるもの～

冷蔵庫を開けたとき、「開けっ放しにしないで、早く閉めなさい」と叱られた経験はないかな？
空気は、「暖かい空気」と「冷たい空気」があると、2つが混ざり合って「ちょうどいい温度」になろうとする性質をもっています。だから冷蔵庫を開けると、スーっと「冷たい空気」が外に出て、反対に外の「暖かい空気」が冷蔵庫の中に入ってくるわけです。このときのスーっという空気の流れが風です。

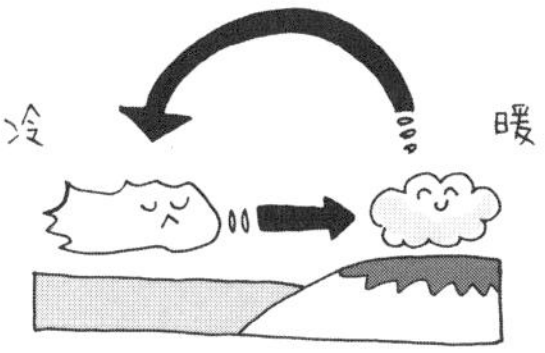

これを大仕掛《おおじか》けにしたのが、海風や陸風といった海陸風《かいりくふう》です。陸は海に比べて暖まりやすいので（冷めやすくもある）、海上と陸上の間で空気の温度差がおき、「ちょうどいい温度」になろうと空気が動いて海風や陸風になります。この風の吹く仕組みは、夏に行なう「打《う》ち水《みず》」で涼をとる理由とも同じです。

風《かぜ》が吹《ふ》く理由《りゆう》　～上昇気流《じょうしょうきりゅう》によるもの～

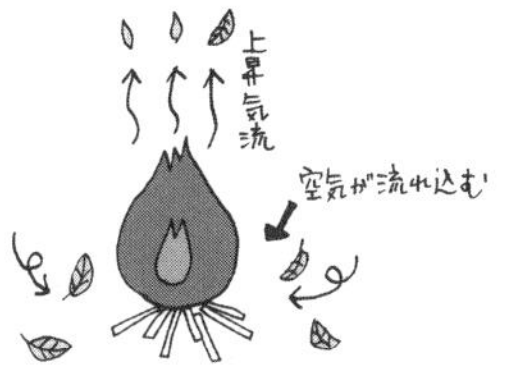

焚き火をすると、燃えカスの灰がゆらゆらと上に昇っていったり、周りの落ち葉が火の方に吸い寄せられる現象を見ることができます。これは、焚き火で暖められた空気が膨らんで軽くなったことで、上昇気流が発生したためです。空気が上空へ運ばれると、空気が薄くなって気圧が下がります。気圧が下がると、周囲の空気がそこへ流れ込み、風が発生するんです。

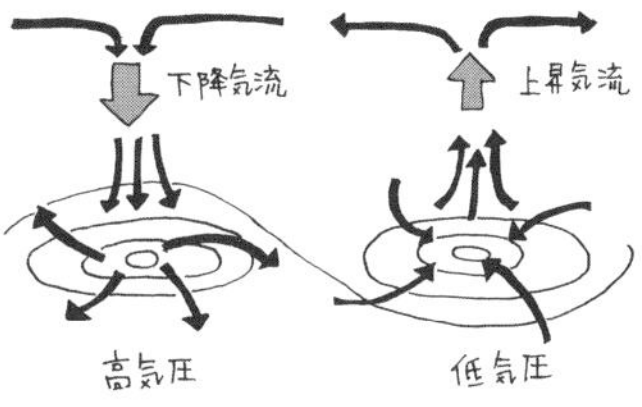

低気圧に伴って吹く風は、この上昇気流の仕組みで説明することができます。
周囲より気圧が高くなっている領域を「高気圧」、低くなっている領域を「低気圧」といいますが、空気がたくさんある高気圧から、上昇気流で空気が薄くなった低気圧に向かって、風が動いて吹きだしているわけです。

今日のおさらい

- 「対流《たいりゅう》」することで、空気《くうき》を動《うご》かして風《かぜ》を生《う》む
- 海上《かいじょう》と陸上《りくじょう》の空気《くうき》の温度差《おんどさ》で吹《ふ》く風《かぜ》を海陸風《かいりくふう》という
- 気圧傾度力《きあつけいどりょく》とコリオリ力《りょく》がつりあった風《かぜ》を地衡風《ちこうふう》という

関連の授業 ➡9月-1 10月-3

4月
5

黄砂《こうさ》はどこからやってくるの?

難易度

黄砂《こうさ》は、黄色《きいろ》い砂《すな》が空気中《くうきちゅう》を舞《ま》って、洗濯物《せんたくもの》や車《くるま》に降《ふ》り注《そそ》ぐ、ちょっと厄介《やっかい》な現象《げんしょう》です。３～５月頃《ころ》にやってくるので、「春《はる》の使者《ししゃ》」ともよばれます。

黄砂《こうさ》はどこからやってくるの?

➡黄砂の発生地は、中国大陸内陸部にある砂漠や乾燥地帯です。代表的なのは、コビ砂漠、黄土高原、タクラマカン砂漠の３つ。これらの土壌粒子が舞い上がって風に乗り、海を越えて約4000kmの距離を２～３日かけて旅をしてくるのです。

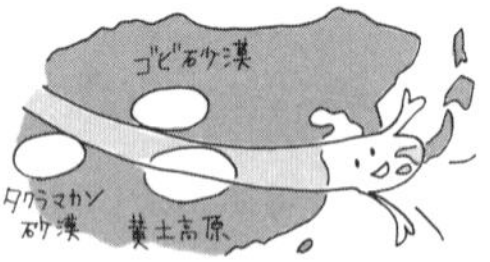

どうして春《はる》になるとやってくるの?

➡黄砂の発生地域は、冬は雪に覆われていて、夏は植物が地面を覆うので、黄砂が舞いにくいようなんだ。でも春になると、雪が溶けて地面があらわれるので、ちょうど砂が舞い上がりやすい環境になるんだね。また、春には低気圧が発生して上昇気流がおきやすくなるのも理由の一つです。

黄砂観測のべ日数 (1981-2010)
※気象庁データ（61 地点での統計）

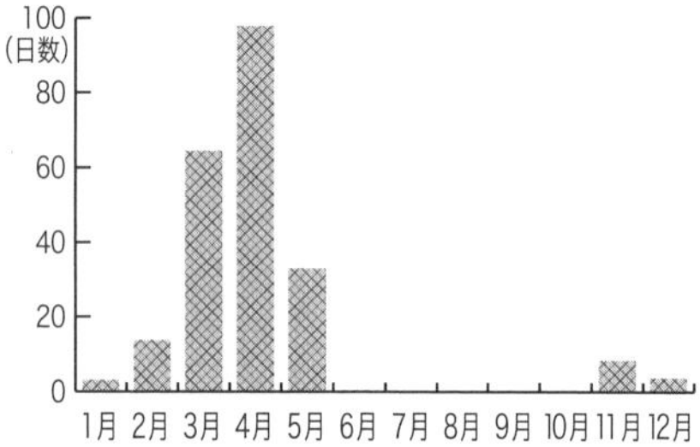

西《にし》や南《みなみ》に飛《と》ばないで、東《ひがし》にやってくるのはどうして?

➡黄砂は、約4000kmの距離を２～３日かけてやってくると説明したけど、これは、東アジア上空に吹く偏西風という気流のためなんだ。この強い西風に乗って、黄砂は東へ東へと移動していきます。だから、黄砂は発生地より東側の地域に影響を与えるわけだね。

近年《きんねん》の黄砂《こうさ》の状況《じょうきょう》

気象庁では、黄砂の状態を目視や測器を使って観測をしています。「年別黄砂観測のべ日数」によると、2002年の記録が突出していて、観測上最多の記録だったようです。でも毎年の変動が激しいので長期的な傾向はよくわからないようです。黄砂が降っているか知るためには、気象庁のホームページの、「黄砂情報」で毎日確認できます。

年別黄砂観測のべ日数 (2000-2010)　※気象庁データ（61 地点での統計）

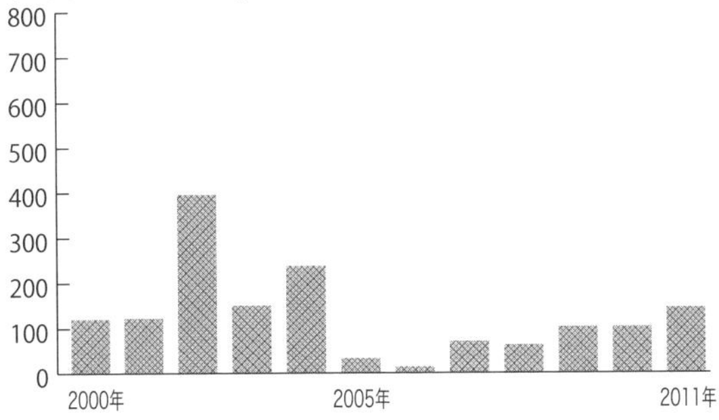

健康《けんこう》に与《あた》える悪影響《あくえいきょう》

黄砂は、砂漠や高原の砂や土壌粒子なので、それ自体が身体に悪い物質というわけではないようです。偏西風に乗ってくる途中で、中国の工業地帯のスモッグを通過するので、そのときに大気汚染物質を吸着して、健康に悪影響を与える物質に変化してしまう可能性が指摘されています。

また、農作物や、黄砂の粒子を核にした降水現象など、いろいろな面から環境に影響を与えていることがわかってきています。

悪い点ばかりじゃない黄砂のお話を少々

歴史書に記載があるほど、黄砂は昔から生活の厄介者だったようですが、悪いことばかりでもないようです。黄砂にはリンや鉄等のミネラル分が含まれているのですが、この成分は植物の成長には不可欠なものです。また、海に落ちた黄砂は、その成分がプランクトンの増殖を促して、魚場を豊かにする役割をもっているといわれています。

黄砂《こうさ》の歴史《れきし》　〜塵雨《じんう》、雨土《うど》、紅雪《べにゆき》〜

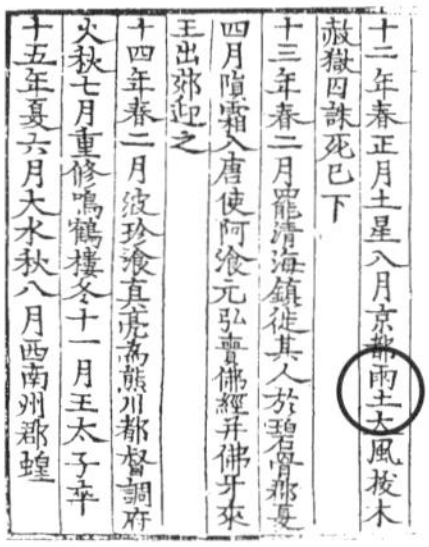

十二年春正月土星入月京都雨土大風拔木
赦獄囚誅死已下
十三年春二月罷清海鎮徙其人於碧骨郡夏
四月隕霜入唐使阿飡元弘賚佛經并佛牙來
王出郊迎之
十四年春二月波珍飡真亮爲熊川都督調府
火秋七月重修鳴鶴樓冬十一月王太子卒
十五年夏六月大水秋八月西南州郡蝗

黄砂は太古からの気象現象だったようで、紀元前1150年の中国の歴史書では、「塵雨」という言葉が記載されています。

また朝鮮の「三国史記」でも、黄砂のことを「雨土」と記載されてあり、神様が怒って雨や雪の代わりに黄砂を降らせたのではないかとおそれられていたようです。

日本でも、1447年の江戸時代の「本朝年代記」という史書で、北国で「紅雪」が降ったという記録が残されています。

今日のおさらい

- 黄砂《こうさ》は主《おも》にコビ砂漠《さばく》、黄土高原《こうどこうげん》、タクラマカン砂漠《さばく》からやってくる
- 雪《ゆき》が溶《と》けて低気圧《ていきあつ》が発生《はっせい》する３～５月《がつ》にかけて多《おお》く発生《はっせい》
- 黄砂情報《こうさじょうほう》は、毎年《まいとし》の変動《へんどう》が激《はげ》しいので長期的《ちょうきてき》な傾向《けいこう》をつかむのは難《むずか》しい

関連の授業 ➡ 2月-3

5月

沖縄地方から九州南部では梅雨《つゆ》入りになる頃だね

5月5日頃を立夏《りっか》といい、暦の上では夏がはじまるよ

北海道でも桜が開花するぞ

5月
1

「ひょう」はどうして降《ふ》ってくるの？

難易度

みんなは「ひょう」って漢字《かんじ》を書《か》けるかな？　一見難《いっけんむずか》しい字《じ》なんだけど、「ひょう」のでき方《かた》を理解《りかい》できたら、きっと忘《わす》れないと思《おも》うよ。

「ひょう」と「あられ」って別物《べつもの》？

➡どちらも氷の塊《かたまり》が空から降ってくる現象だけど、直径が5mm以上のものを「ひょう」、5mm未満のものを「あられ」と区別しています。どちらも作られ方は同じなんだけど、「ひょう」は初夏に、「あられ」は初冬に降ることが多いので、俳句では「ひょう」は夏の、「あられ」は冬の季語《きご》になっています。

「ひょう」で窓《まど》ガラスが割《わ》れたニュースを見《み》たことがあります

➡「ひょう」は、ときには野球ボールほどに成長して降ってくることもあるんだ。落下速度は時速140kmとエース級、「降る凶器」といわれる所以《ゆえん》です。ちなみに、1917年に埼玉県熊谷市に降った「ひょう」の直径は29.6cmだったそうです。

「ひょう」が降《ふ》りやすい時期《じき》や場所《ばしょ》ってあるの？

➡「ひょう」が農作物などに与える被害を「ひょう害」といいます。気象庁資料によると、2002年までの30年間で「ひょう害」のもっとも多い月は5月で、6月、7月と続きます。5月は農作物が育ち始める時期なので、被害が大きくなる傾向があるようだね。谷沿いや山沿いなど狭い範囲で降る傾向もあり、長野や栃木、群馬、埼玉などで多く発生しています。

ちょっと一言いいかしら？

氷晶と氷晶をくっつける接着剤のお話を少々

成長した氷晶が落下しはじめると、周りの温度が上がって氷晶の表面が溶けだします。この溶けた水の層がちょうど接着剤の役割になって、他の氷晶とくっつきやすくなります。「ひょう」の断面がきれいな層状なのは、接着剤になった水の層と、くっついた氷晶の層が作り出したものなのです。

「ひょう」のでき方《かた》　～「ひょう」の赤《あか》ちゃん(氷晶《ひょうしょう》)の誕生《たんじょう》～

「ひょう」は発達した積乱雲《せきらんうん》の中で生まれます。雲は雲粒《くもつぶ》という小さな水の粒でできていて、温度が0℃～－20℃程になると、雲粒が凍りはじめて「氷晶」という氷の粒に変化していきます。この氷晶が「ひょう」の赤ちゃんです。

「ひょう」のでき方《かた》　～水蒸気《すいじょうき》を吸収《きゅうしゅう》して成長《せいちょう》～

赤ちゃんがミルクを飲んで大きくなるように、生まれたての氷晶は水蒸気を吸収して大きく成長します。雲の中では過飽和《かほうわ》といって、空気が含める水蒸気量の限界を超えた状態になっていて、水蒸気がとても豊富です。また0℃以下になっても凍らない水の粒(過冷却水滴《かれいきゃくすいてき》といいます)も多く存在します。この過冷却水滴はとても敏感なので、氷晶に触れるとすぐに凍って氷晶を成長させることができるんです。

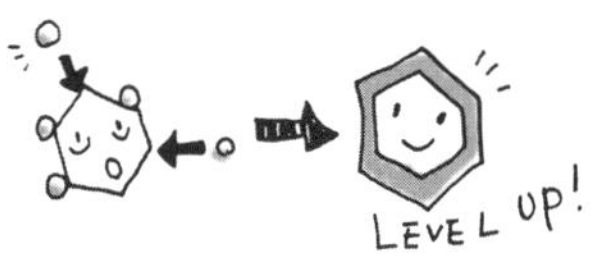

「ひょう」のでき方《かた》　～合体《がったい》して大《おお》きくなる～

大きく育って重量が増えると、空に浮かんでいられなくなった氷晶は落下をはじめます。発達した雲の中では、強い上昇気流があるから、落ちかけた氷晶はまた上空へと運ばれてしまうんだ。こうして雲の中で上がったり下がったりを繰り返すうちに、氷晶同士がくっつき合い、雪だるまのように大きく成長して立派な「ひょう」に育っていきます。

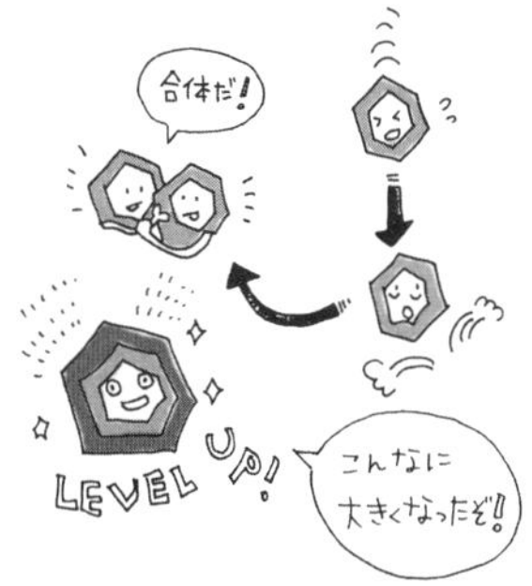

「ひょう」のでき方《かた》が「雹《ひょう》」になる

「ひょう」を半分に割ると、断面はバームクーヘンのような層状模様になっているんだ。この層の数は「ひょう」が雲の中で成長を繰り返した回数なんです。

だから「ひょう」は漢字で雨を包むと書きます。包まれて大きく成長する「雹《ひょう》」のでき方を理解したら、もう忘れないでしょ。

今日のおさらい

- 氷《こおり》の直径《ちょっけい》が5mm以上《いじょう》が「ひょう」、5mm未満《みまん》を「あられ」
- 水蒸気《すいじょうき》や過冷却水滴《かれいきゃくすいてき》を吸収《きゅうしゅう》し、氷晶同士《ひょうしょうどうし》がくっつきあってさらに成長《せいちょう》
- 雨《あめ》を包《つつ》むと書《か》いて「雹《ひょう》」

関連の授業 ➡ 7月-4　8月-7　1月-3

5月 2

空《そら》は青《あお》く、夕焼《ゆうや》けが赤《あか》いのはなぜ？

難易度

人類《じんるい》が初《はじ》めて月面着陸《げつめんちゃくりく》した映像《えいぞう》を見《み》たことあるかな？　宇宙飛行士《うちゅうひこうし》が月《つき》から見上《みあ》げた空《そら》は真《ま》っ黒《くろ》だったそうです。空《そら》が青《あお》いのは地球《ちきゅう》だけの常識《じょうしき》かも。

青《あお》い空《そら》って常識《じょうしき》じゃなかったの?

➡空を見上げれば青い空があって、夕焼けは赤く染まる。これは「地球の常識」です。月面から眺める空はいつも真っ黒です。これは、地球と月の大きな違いである空気（大気）の有《う》無《む》が原因です。地球は空気に包まれた星なので、空が青く見えるんです。

ビニール袋《ぶくろ》に空気《くうき》を入れても、空気《くうき》は青《あお》く見《み》えないよ

➡空が青く見えるのは空気が関係しているけれど、青い空気そのものがあるわけじゃないよね。太陽の光は、地球に届くときに空気にぶつかってあちこちに散らばります。空が青く見えるのは、空気一面に散らばった青い光を見ているからなんです。

あれ?・・・でも太陽《たいよう》の光《ひかり》って青《あお》くないよね?

➡うん、太陽の光は青だけじゃなくて、たくさんの色が混ざっています。虹は７色といわれているけど、太陽の光はこの７色すべてが混ざっています。内訳はこんな感じ。赤、橙、黄、緑、青、藍、紫
実はこの順番がポイントなのでよく覚えておいてね。

ちょっと一言いいかしら？

光が散乱する種類のお話を少々

<レイリー散乱>　空気の分子など、光の波長より小さい粒にぶつかったときの散乱をいいます。レイリー散乱では青系の光がたくさん散乱します。

<ミー散乱>　光の波長とほぼ同じぐらいの粒にぶつかったときの散乱をいいます。小さな水滴やチリ・ホコリなどが空気中にたくさんある日に空が白っぽく見えたり、雲が白く見える理由がこれにあたります。

空《そら》が青《あお》く見《み》える理由《りゆう》

太陽の光が空気の中を通過するときには、空気の粒やチリ・ホコリなどが障害物となって、地上まで簡単にたどり着けない仕組みになっています。
光の７色の順番を覚えていますか？実はあの順番、光が散らばりにくい順なんです。
光にはそれぞれタイプがあって、青、藍、紫などの青色グループは長距離を進むのが苦手です。
だから赤、橙、黄などの赤色グループに比べて先に障害物にぶつかってしまいがちなんだ。
障害物にぶつかってしまうと、あちこちに散ってしまうので、空いっぱいに青い光が広がっていきます。だから空は青く見えるんです。

空《そら》が白《しろ》っぽく見《み》える理由《りゆう》

空気の中に小さな水滴やチリ・ホコリなどが多くあると、青色グループ以外の色もたくさん散ってしまいます。たくさんの色が散って混ざり合うことで、白っぽく見えるようになります。
湿度が高い春や夏の空が白っぽく見えるのはこのためです。一方で、秋の空がすっきり青く見えるのは、夏に比べて乾燥していて空気の中に小さな水滴などが少ないためなんだよ。

夕焼空《ゆうやけぞら》が赤《あか》く見《み》える理由《りゆう》

昼間と夕方のそれぞれ太陽の高さに注目してください。太陽の位置が変わることによって、光が空気の中を通過する距離がだいぶ変わってくるのがわかると思います。
夕方は観測者からみて太陽が低い位置にあるので、空気の中をたくさん通過しなければいけなくなります。通過する距離が長くなると、障害物の数も増えるから青色グループは散りすぎてしまって、地上まで届かなくなるんだ（何度も散っているうちに、宇宙の方に飛んでいってしまうのもあります）。そして残りの赤色グループは本当は散りにくいんだけど、障害物が増えたことでぶつかるようになって、空が赤く見えるようになります。

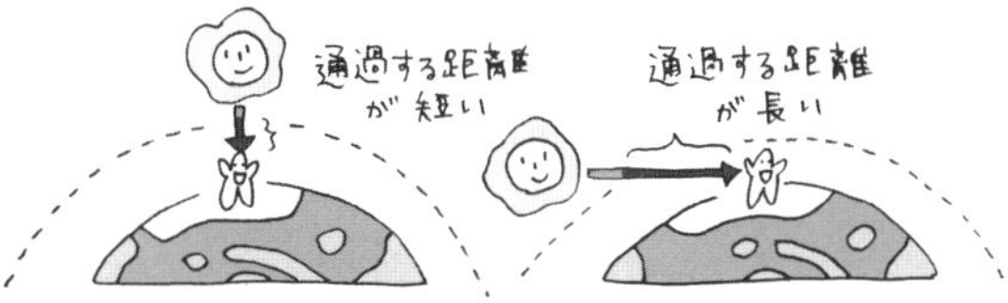

今日のおさらい

- 地球《ちきゅう》は空気《くうき》（大気《たいき》）があるため空《そら》が色《いろ》づく
- 光《ひかり》が散《ち》らばりにくい順番《じゅんばん》。赤《あか》、橙《だいだい》、黄《き》、緑《みどり》、青《あお》、藍《あい》、紫《むらさき》
- 光《ひかり》が空気《くうき》の中《なか》を通過《つうか》する距離《きょり》によって、空《そら》の色《いろ》は変化《へんか》する

関連の授業 ➡ 8月-2　9月-3　1月-2

5月 3

白《しろ》い雲《くろ》と黒《くろ》い雲《くも》があるのはなぜ?

難易度

モクモクと発達《はったつ》した入道雲《にゅうどうぐも》は白《しろ》いけど、夕立《ゆうだち》では黒《くろ》い雲《くも》が空《そら》を覆《おお》うよね。でも実際《じっさい》にあるのは、「白《しろ》く見える雲《くも》」と「黒《くろ》く見《み》える雲《くも》」です。

黒《くろ》い雲《くも》は、ホコリや排気《はいき》ガスで汚《よご》れているの?

➡確かに空気の中にはチリやホコリが含まれるけど、雲が黒く汚れてしまうほどの量はありません。それに黒い雲から降る雨に濡れても、着ていたシャツが黒く汚れてしまったなんて経験もないよね?

雲《くも》のタイプによって「白《しろ》く見《み》えやすい雲《くも》」があるの?

➡たとえば空の一番高いところにできる巻雲《けんうん》。すじ雲ともよばれるこの雲の場合は、半透明で白く見えやすい雲です。でも、入道雲とよばれる積乱雲は白く見えることも黒く見えることもあります。だから、タイプによって「白く見えやすい雲」と「黒く見えやすい雲」があることを覚えておこう。

積乱雲《せきらんうん》が白《しろ》くも黒《くろ》くも見《み》えるってどういうこと?

➡ちょっと混乱させてしまったかな。これは、雲を見る人の場所によって違うということなんだ。たとえば大雨の中で見上げる空は黒い雲だけど、飛行機の上から同じ雲をみたら、きっと白い雲に見えるはずだよ。気象衛星《きしょうえいせい》が撮影した雲画像《くもがぞう》に黒い雲は写ってないでしょ。その理由は太陽の光の反射が関係しているんだよ。

ちょっと一言いいかしら?

光の3原色のお話を少々

赤(R)、緑(G)、青(B)を光の３原色とよんでいます。
色を重ねるごとに明るくなる特性をもっていて、３色重ねると白色になります。そして この３色を使えばほぼすべての色が再現できるといわれています。テレビや、コンピュータのディスプレイの発光体には、この3色が使われています。

白色《しろいろ》を作《つく》る実験《じっけん》

絵の具を使って色を混ぜあわせると、いろいろな色を作ることができるけど、白だけは作ることができないと思います。でも光を使えば簡単に白色が作れる・・・という実験をしたいと思います。
ではまず、赤色のスポットライトを鏡にあててみます。鏡は赤い光を反射させて赤く見えると思います。次に同じ鏡に青色のスポットライトを加えてみます。赤と青の色が重なって、紫色に見えるはずです。
ではここから、黄、緑、オレンジ・・・・何十色ものスポットライトを次々に加えていったらどうなると思う？　なんとビックリ、たくさんの光を重ね合わせると、光でいっぱいになった鏡は、明るく真っ白に見えるようになります。雲が白く見えるのも、この実験と同じことなんだ。

黒《くろ》い雲《くも》の特徴《とくちょう》

太陽の光はプリズムで分光《ぶんこう》すると７色だけど、雲はこの７色すべてを反射させ混ざりあうことで、白く見えるようになります。
逆に黒い雲というのは、雲が太陽の光をさえぎった影の部分になるわけです。光が届かない理由は2つ考えられます。

①背丈が高くてとても分厚い雲
②中身がぎっしりつまった水分の多い雲

だから、黒い雲が近づくと、突然雨が降り出すことが多いんだ。

見《み》る人《ひと》の場所《ばしょ》で変化《へんか》する雲《くも》の色《いろ》

発達した積乱雲を遠くから見ると、真っ白で明るく輝いています。でも、やがてその雲が僕たちの真上にやってくれば、黒い雲に変化します。
積乱雲は上述の①と②の条件にあてはまる雲だから、太陽の光は雲の下まで届かなく、雲の影で黒く見えるんです。同じ雲でも見る人の場所によって印象がまったく違ってくるわけだね。
一方で、巻雲など薄くて水分をあまり含んでいない雲は、見る人の真上にやってきても、太陽の光をさえぎることはあまりないから、白い色のまま見ることができるんだ。

今日のおさらい

- たくさんの色《いろ》の光《ひかり》を重《かさ》ね合《あ》わせると白色《しろいろ》を作《つく》ることができる
- 黒《くろ》い雲《くも》の条件《じょうけん》は、「背丈《せたけ》が高《たか》い雲《くも》」か「水分《すいぶん》の多《おお》い雲《くも》」
- 雲《くも》と観測者《かんそくしゃ》の位置《いち》関係《かんけい》によっても雲《くも》の色《いろ》は変《か》わる

5月
4

降水確率《こうすいかくりつ》0%で雨《あめ》が降《ふ》る理由《りゆう》

難易度

降水確率《こうすいかくりつ》で傘《かさ》を持《も》つかどうか判断《はんだん》している人《ひと》って多《おお》いよね。気象庁《きしょうちょう》が1980年《ねん》から発表《はっぴょう》している降水確率予報《こうすいかくりつよほう》の正《ただ》しい意味《いみ》を知《し》っているかな。

降水確率《こうすいかくりつ》40%は、予報《よほう》している地域《ちいき》の40%に雨《あめ》が降《ふ》るの?

➡降水確率は雨が降る場所の特定はしてないんだ。予報している地域内であればどこでも同じ確率です。たとえば東京地方で降水確率40%なら、千代田区でも八王子市や奥多摩町でも、どこでも確率40%です。

降水確率《こうすいかくりつ》が高《たか》くても、雨《あめ》が降《ふ》らなかったよ

➡予報している地域には複数の観測地点があるので、どこか1ヶ所でも1mm以上の降水が観測されたら、雨が降ったことになるんだ。自分がいる場所で雨が降らなかったとしても、他の観測地点で降った可能性があるよ。

降水確率《こうすいかくりつ》30%と80%だったら、80%の方《ほう》が大雨《おおあめ》になる?

➡降水確率80%だと直感的に大雨になる気がするけど、降水確率は雨の強さや量を発表してるわけではないのです。降水確率80%でも1～2mm程度のポツポツした雨、30%の方が大雨になる可能性もあるんだ。

ちょっと一言いいかしら?

「コスト/ロス モデル」のお話を少々

雨対策の長期的な損失を、降水確率を使った「コスト/ロス モデル」で計算できます。たとえば傘を持っていく手間が300円、持たずに濡れると洗濯代1,000円がかかるとします。傘を10日持っていくと300円×10日＝3,000円。降水確率40%で持たずに4回濡れると、1,000円×4回＝4,000円。この場合、10日間すべての降水確率が40%なら、傘を持ってく方が経済的ということがわかりますね。

❖ 降水確率《こうすいかくりつ》の定義《ていぎ》

降水確率は、「雨の降る地域」や「雨の強さ」、「降り方」などを予想したものではありません。
たとえば、「東京地方の午前6時から午後12時の降水確率40%」といった場合、「過去の同じ時間帯で似た気象条件のデータを10枚集めて調べてみたら、そのうち4枚は1mm以上の雨が降っていた」ということになります。
気象庁では、「指定された時間帯の間に1mm以上の降水（雨か雪）がある確率」と定義しています。だから0.5mmぐらいのパラパラ雨などで1mmに達してない場合は、降水としてカウントされないんです。

❖ 実《じつ》は4種類《しゅるい》ある降水確率《こうすいかくりつ》

あまり知られていないけど、実は降水確率は4種類あります。「雨の確率」「雨または雪の確率」「雪または雨の確率」そ して「雪の確率」です。
ちょっと紛らわしいのがこの2つ。雨が主体な場合を「雨または雪の確率」といい、雪が主体な場合を「雪または雨の確率」と定義しています。

❖ 降水確率《こうすいかくりつ》0%でも雨《あめ》が降《ふ》る

降水確率は0 ～ 100%の10%刻みで発表されていて、その間は四捨五入されています。
だから降水確率30%といったら、正確には25%～ 34%ということになるんです。
「降水確率0%です」と放送があった場合でも、 0 ～ 4%の割合で雨が降る可能性があるわけです。（なんだかハズレたときの言い訳っぽいけど・・・）
テレビの天気予報では降水確率0%のことを、ゼロ%とはいわずにレイ%といっています。これは、ゼロが「まったくない」をさすのに対して、レイ（零）には「きわめて小さい」という意味があるためのようです。「零」細企業なんていい回しはわかりやすい例だね。

今日のおさらい

- 降水確率《こうすいかくりつ》は1mm以上《いじょう》の雨《あめ》が降《ふ》る確率《かくりつ》を表《あらわ》している
- 降水確率《こうすいかくりつ》は「雨《あめ》」「雨《あめ》または雪《ゆき》」「雪《ゆき》または雨《あめ》」「雪《ゆき》」の4種類《しゅるい》
- 降水確率《こうすいかくりつ》は0 ～ 100%の10%刻《きざ》みで、その間《あいだ》は四捨五入《ししゃごにゅう》されている

関連の授業 ➡ 10月-2　11月-4　3月-4

5月
5

難易度

注意報《ちゅういほう》や警報《けいほう》を正《ただ》しく知《し》りたい

災害《さいがい》の危険性《きけんせい》がある気象状況《きしょうじょうきょう》では、被害《ひがい》の予防《よぼう》・軽減《けいげん》を目的《もくてき》に「防災気象《ぼうさいきしょう》情報《じょうほう》」が、注意《ちゅうい》・警戒《けいかい》が必要《ひつよう》なときは「注意報《ちゅういほう》」「警報《けいほう》」が発表《はっぴょう》されます。

注意報《ちゅういほう》と警報《けいほう》にはどんな種類《しゅるい》があるの?

➡気象庁では、災害が起こるおそれがあるときに「注意報」を、重大な災害が起こるおそれがあるときに「警報」を発表しています。

注意報：大雨、大雪、風雪、雷、強風、波浪、融雪、洪水、高潮、濃霧、乾燥、なだれ、低温、霜、着氷、着雪

警　報：大雨、洪水、大雪、暴風、暴風雪、波浪、高潮

注意報《ちゅういほう》や警報《けいほう》は、どんな基準《きじゅん》で発表《はっぴょう》されるの?

➡気象庁では、あらかじめ定めた基準に達すると予想した区域に、注意報や警報を発表しているのだけど、その基準は全国一律ではなく、地域ごとに異なっています。雪がたくさん降る札幌と、めったに降らない東京を同じ基準にはできないし、雪が降らない沖縄では、基準そのものが存在してないんだ。

大雪注意報・警報の基準例

（24時間降雪の場合　※北海道は12時間）

	大雪注意報	大雪警報
北海道（空知地方）	50cm※	30cm
新潟県（中越地方・山沿い）	60cm	100cm
東京都（東京地方・23区東部）	5cm	20cm
沖縄県（沖縄本島地方）	なし	なし

基準《きじゅん》の見直《みなお》しはするのかな?

➡注意報・警報の発表基準は、災害の発生と気象要素の関係を調査しながら、地元の防災機関の人たちと調整しながら決めています。また、地震が発生した直後などは、少しの雨でも土砂崩れ等の災害につながるので、そういうときは、発表の基準を変更することもあります。

注意報《ちゅういほう》・警報《けいほう》の発表区域《はっぴょうくいき》が細《こま》かくなった

これまで気象庁は、一定の市区町村をまとめて「○○地域」という具合に、全国を375の地域に分割して発表してきました。しかし「○○地域」だと、自分が住んでいる住所が「○○地域」に該当するのかわかりづらかったため、平成22年5月27日から図のように市区町村ごとに発表されるようになりました。

でも、テレビやラジオなどでは、画面に表示できる文字数や読み上げ時間の制約もあるので、これまで通り「○○地域」として発表される場合もあるので注意してくださいね。

注意報・警報の発表地域

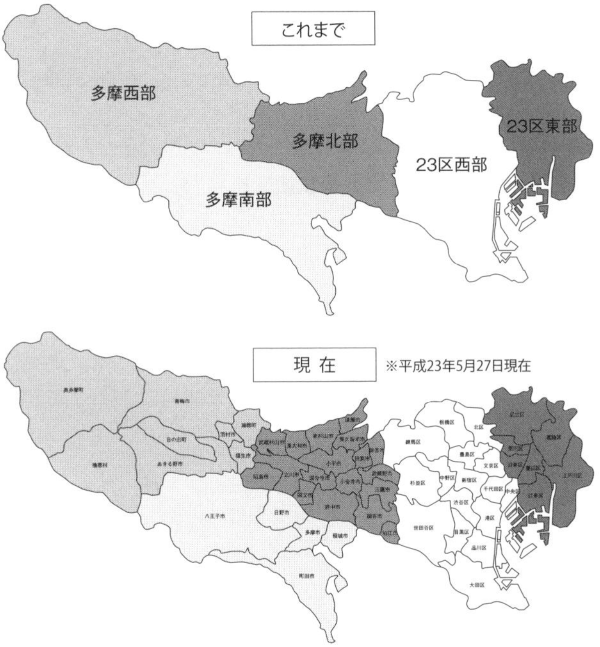

ちょっと一言いいかしら?

天気予報の発表区域のお話を少々

天気予報は、気象特性が異なる、平野部、山岳部、海岸沿岸部、内陸部などによって、一つの都府県で3～5つほどの地域区分で発表しています。この地域区分は142区分あり、「一次細分区」とよばれています。

警報・注意報の場合は、142の一次細分区をさらに1774（平成23年4月1日現在）の市区町村別に分割して発表していて、この分割区分のことを「二次細分区」とよんでいます。

❖ 注意報《ちゅういほう》・警報《けいほう》の発表《はっぴょう》タイミング　〜大雨《おおあめ》の場合《ばあい》〜

気象庁では、大雨などの災害の可能性がある場合、まず「大雨に関する気象情報」や「台風に関する気象情報」といった気象情報を発表して、注意・警戒を呼びかけます。
その後、「大雨注意報」→「大雨警報」と順次発表を行っていきます。
また、数年に一度の猛烈な雨が観測された場合には「記録的短時間大雨情報」を、土砂災害の危険度がさらに高まった場合には「土砂災害警戒情報」を発表して随時状況を伝えていきます。
必ずこの順番で発表されるわけではないけど、どんなときにどんな情報が発表されるのか参考にしてください。

大雨の可能性
（約1日前）

「大雨に関する情報」
「台風に関する気象情報」
・予報や実況を伝えて、注意・警報を呼びかける

↓

大雨が始まる
（半日〜数時間前）

「大雨注意報」
・警報になる可能性がある場合はそのことを予告

↓

大雨が強まる
（数時間〜1,2時間前）

「大雨警報」
・大雨の期間、予想雨量、警戒を要する事項を示す

↓

記録的な大雨

「記録的短時間大雨情報」
・短時間の大雨状況を随時発表

↓

被害の拡大が懸念

「土砂災害警戒情報」
・土砂災害の危険度がさらに高まった場合、
都道府県と気象庁が共同で発表

今日のおさらい

- **災害《さいがい》が起《お》こるおそれには「注意報《ちゅういほう》」、重大《じゅうだい》な災害《さいがい》が起《お》こるおそれには「警報《けいほう》」**
- **注意報《ちゅういほう》・警報《けいほう》が発表《はっぴょう》される基準《きじゅん》は、全国一律《ぜんこくいちりつ》ではなくて地域《ちいき》ごと**
- **注意報《ちゅういほう》・警報《けいほう》は、市区町村《しくちょうそん》ごとに発表《はっぴょう》されている**

関連の授業 ➡ 1月-4　3月-2

6月

全国的に梅雨入りになる季節だね

沖縄地方では、一足早く梅雨明けになる頃だね

6月21日頃を夏《げ》至《し》といい、

1年のうちで昼間が一番長い日だよ

6月
1

雨《あめ》の単位《たんい》はどうしてmm《ミリメートル》なの?

難易度

「1時間《じかん》○mmの雨《あめ》」というお馴染《なじ》みの表現《ひょうげん》だけど、実際《じっさい》にどのくらいの雨《う》量《りょう》なのかイメージしにくい人《ひと》も多《おお》いと思《おも》います。

水《みず》の量《りょう》なら「ml《ミリリットル》」のほうがわかりすいんだけどな

➡牛乳パックやジュースのボトルは「ml」と表示されてるからね。でも入れ物の大きさが異なると、入る量も違ってしまうから、体積で比較をするのは難しいんだ。

じゃあ、「mm《ミリメートル》」は雨《あめ》の何《なに》を測《はか》っているの?

➡「mm」は水深を表わしているんだ。具体的にいうと、降った雨が別の場所などに流れず、蒸発もせず、地面などにしみ込まないでたまった深さ、という定義になります。雪の場合は、ヒーターで溶かして降水量として測っているよ。

1mm《ミリメートル》の雨《あめ》でも濡《ぬ》れるのかな?（傘持《かさも》っていた方《ほう》がいい?)

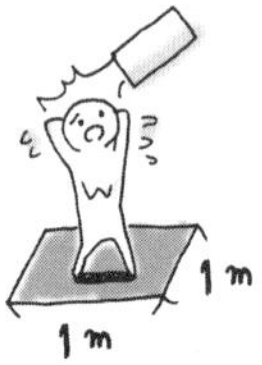

➡$1m^2$あたりに1mm/時間の雨が降ると、約1ℓ《リットル》の量になる。$1m^2$（100cm×100cm）に1mm（0.1cm）だから、100cm×100cm×0.1cm＝$1{,}000cm^3$（＝1,000ml＝1ℓ《リットル》）だね。1mm/時間の雨に濡れたら、牛乳パック1本分を頭からかぶったことと同じなので、傘は必要かもね。

ちょっと一言いいかしら?

雨の強さと降り方のお話を少々

気象庁では、1時間に降った雨の量を次のように表現します。

- ・10～19mm　やや強い雨（ザーザーと降る）
- ・20～29mm　強い雨（どしゃ降り）
- ・30～49mm　激しい雨（バケツをひっくり返したように降る）
- ・50～79mm　非常に激しい雨（滝のように降る）
- ・80mm以上　猛烈な雨（息苦しくなるような圧迫感、恐怖を感じる）

❖ 雨《あめ》を体積《たいせき》（ml《ミリリットル》）で表現《ひょうげん》できない理由《りゆう》

形が同じで大きさが違う二種類の空き缶を並べて置いたとします。そこに雨が降ってきたら、当然、受け口の広い大きい空き缶の方が、たくさん雨が溜まるよね。
こんなふうに計算できます。

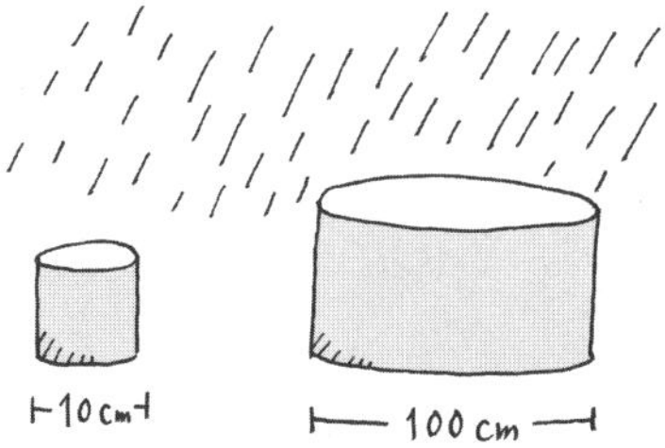

■受け口の直径
・小さい空き缶　10cm
・大きい空き缶　100cm
■雨の降る量
・5mm/時間
■1時間後に何ℓ《リットル》溜まるか
・小さい空き缶　10cm×10cm×0.5cm＝50cm^3（＝50ml）
・大きい空き缶　100cm×100cm×0.5cm＝5,000cm^3（＝5000ml＝5ℓ《リットル》）

このように雨の溜まった体積での比較は、入れ物の大きさによって変化してしまうので、「1時間◯m l の雨」と表現すことは難しいんだ。

❖ 雨《あめ》を深《ふか》さ（mm《ミリメートル》）で表現《ひょうげん》する理由《りゆう》

そこで、深さの単位「mm」を用います。雨が溜まる深さは、入れ物の大きさが違っても、ほとんど影響を受けないからです。
観測容器自体も、体積で測定すると大きな機材が必要になってしまうけど、深さの測定だったら小さなもので済むというメリットもあるかもね。

今日のおさらい

- mmは溜《た》まった水《みず》の深《ふか》さを測《はか》っている
- 深《ふか》さで測《はか》れば、入《い》れ物《もの》の大《おお》きさが違《ちが》ってもほぼ同《おな》じ
- $1m^2$あたりに1mm/時間《じかん》の雨《あめ》が降《ふ》ると、約《やく》1ℓ《リットル》の量《りょう》になる

関連の授業 ➡ 5月-4　11月-4　3月-3

6月
2

気団《きだん》ってなに?

難易度

天気図《てんきず》の解説《かいせつ》を聞《き》いていると、「気団《きだん》」って言葉《ことば》がときどき出《で》てくると思《おも》います。天気図《てんきず》の中《なか》では、いつも気団《きだん》と気団《きだん》が試合《しあい》をしています。

気団《きだん》にはどんな種類《しゅるい》があるの?

➡空気にはいろいろな性質のものがあるのだけれど、温度《おんど》や湿度《しつど》がだいたい同じもの同士が集まって、一つの大きなかたまりを形成します。これを気団とよんでいて、冷たい気団を寒気団《かんきだん》、暖かい気団を暖気団《だんきだん》と分類します。

空気《くうき》のかたまりって、どのくらいのかたまり?

➡気団は季節によって大きさが変わったり、動いたりするんだ。その大きさは、水平方向で数百km 〜数千kmにもなります。気団の大きさや位置が、日々の天気や気候に大きな影響を与えているんだよ。

冬将軍《ふゆしょうぐん》の正体《しょうたい》も気団《きだん》ですか?

➡うん、そうだよ。冬将軍はシベリア気団のことをさしています。冬になると冬将軍が日本付近に南下してきて、日本海側に大雪をもたらす原因になります。

ちょっと一言いいかしら?

気団の変質のお話を少々

乾燥しているシベリア気団が、暖かい日本海に移動をすると、海上から熱と水蒸気を補給して、元々乾燥していたシベリア気団の性質が、湿潤な性質に変わっていきます。これを「気団の変質」とよびます。冬の日本海側の大雪の原因の一つです。

気団《きだん》は空気《くうき》が集《あつ》まったチーム

たとえばサッカーだったら、仲のよい選手が集まって一つのチームを作るよね。
天気も同じで、気温や湿度が同じ性質の空気が集まって一つのチームを作ります。サッカーチームはそれを「球団」というけれど、天気の場合は「気団」ってよびます。

気団《きだん》の名称《めいしょう》は地域名《ちいきめい》からつけている

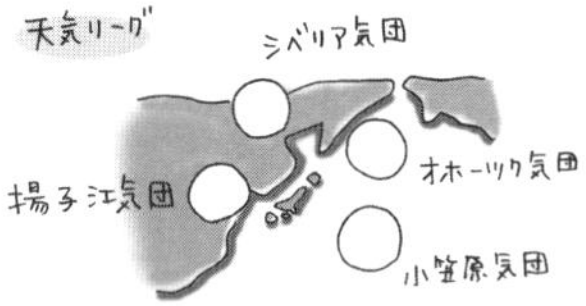

Jリーグの各球団は、地域名が球団の名前の一部になっていることが多いよね。たとえば横浜がホームなら「横浜F・マリノス」、浦和がホームだったら「浦和レッドダイヤモンズ」というようにね。
気団も実はこれと同じで、空気が集まった地域名を気団の名前にしているんだ。
オホーツク海で集まったら「オホーツク海気団」、小笠原で集まったら「小笠原気団」という具合です。

天気《てんき》リーグの出場《しゅつじょう》チーム

日本付近で試合に出場する代表的な気団が４つあります。出場時期は１年中いつでも自由なわけではなく、おおよその年間スケジュールが決まっています。

気団名	出場する時期	性質	その他の特徴
シベリア気団	おもに冬	冷たい・乾いている	冬の北西の季節風は、シベリア気団から吹いたもの
小笠原気団	おもに夏	暖かい・湿っている	夏の南、または南東の季節風は、小笠原気団から吹いたもの
オホーツク海気団	梅雨・秋雨	冷たい・湿っている	梅雨前線、秋雨前線はこの気団と小笠原気団がぶつかってできる
揚子江気団	春・秋	暖かい・乾いている	春や秋の晴天は、揚子江気団の一部が日本に移動してきたことが原因

今日のおさらい

- 気団《きだん》とは、水平方向《すいへいほうこう》に気温《きおん》・湿度《しつど》の状態《じょうたい》がほぼ等《ひと》しい空気《くうき》のかたまり
- 日本付近《にほんふきん》で代表的《だいひょうてき》な気団《きだん》は４つある
- 環境《かんきょう》が違《ちが》う地域《ちいき》に移動《いどう》して、気団《きだん》の性質《せいしつ》が変化《へんか》することを「気団《きだん》の変質《へんしつ》」

関連の授業 ➡ 6月-3　9月-4　2月-5

6月
3

前線《ぜんせん》ってなに?

難易度

前線《ぜんせん》とは気団《きだん》と気団《きだん》がぶつかり合《あ》っている境界《きょうかい》で、その付近《ふきん》では雨《あめ》が降《ふ》ったり風《かぜ》の変化《へんか》が起《お》きやすくなっています。前線《ぜんせん》の種類《しゅるい》を覚《おぼ》えよう。

前線《ぜんせん》で何《なに》がわかるようになるの?

➡気団をサッカーの球団にたとえたけど、気団は試合をするのが好きなんです。気団と気団がぶつかって、各選手(空気)が入り乱れている場所を前線ってよびます。前線の種類を理解できると、試合の状況や今後の展開を予想できるようになるよ。

温暖前線《おんだんぜんせん》付近《ふきん》には、どんな雲《くも》ができるの?

➡温暖前線付近では、巻雲《けんうん》、高層雲《こうそううん》、乱層雲《らんそううん》など、層状の雲ができやすい。接近に伴って、雲がだんだん低く厚くなり、弱い雨が長時間に渡って降ることが多いよ。

寒冷前線《かんれいぜんせん》付近《ふきん》には、どんな雲《くも》ができるの?

➡寒冷前線付近で、積雲《せきうん》や積乱雲《せきらんうん》といった背の高い雲が空を覆って、急激に悪天に変わり、強い雨が短時間で降ることが多くなります。

ちょっと一言いいかしら?

梅雨前線のお話を少々

前線には、温暖前線、寒冷前線、停滞前線、閉塞前線などの種類があり、天気図に書き込む記号も決まっています。ただし、梅雨前線という記号はありません。梅雨前線とは梅雨期に日本付近にできる前線の総称だからです。この時期に日本付近で停滞する前線は、みんな梅雨前線とよばれてしまいます。

温暖前線《おんだんぜんせん》　～暖《あたた》かい空気《くうき》が優勢《ゆうせい》の状態《じょうたい》～

「暖かい空気」が「冷たい空気」の方へ動いて、「暖かい空気」優勢の攻撃展開が温暖前線となります。暖かい空気が優勢なので、通過後は気温が上がります。

寒冷前線《かんれいぜんせん》　～冷《つめ》たい空気《くうき》が優勢《ゆうせい》の状態《じょうたい》～

「冷たい空気」が「暖かい空気」の方へ動いて、「冷たい空気」が攻撃を仕掛けている展開が寒冷前線となります。この前線が通過するときは、雷雨やにわか雨になることが多く、通過後は気温が急激に下がります。

停滞前線《ていたいぜんせん》　～互角《ごかく》の戦《たたか》い～

「暖かい空気」と「冷たい空気」の勢力が等しく、互角の戦いをしている展開が停滞前線となります。

天気図の中では、いつもこうして「暖かい空気」と「冷たい空気」の試合が行われています。前線の位置や動きなどを見ながら、試合展開を予想することが、毎日発表されている天気予報なんだよ。

今日のおさらい

- **気団《きだん》と気団《きだん》がぶつかって、空気《くうき》が入《い》り乱《みだ》れている場所《ばしょ》が前線《ぜんせん》**
- **温暖前線《おんだんぜんせん》は層状《そうじょう》の雲《くも》、寒冷前線《かんれいぜんせん》は背《せ》の高《たか》い雲《くも》を伴《ともな》うことが多《おお》い**
- **梅雨前線《ばいうぜんせん》とは梅雨期《つゆき》に日本付近《にほんふきん》にできる前線《ぜんせん》の総称《そうしょう》**

関連の授業 ➡4月-3　6月-2

6月 4

山《やま》で菓子袋《かしぶくろ》が膨《ふく》らむのはなぜ？

難易度

これは気圧《きあつ》の仕業《しわざ》。気圧《きあつ》とは空気《くうき》の重《おも》さのことです。あまり意識《いしき》していないけど、僕《ぼく》たちはいつも空気《くうき》が押《お》す圧力《あつりょく》を受《う》けています。

重《おも》さがあるということは、空気《くうき》の中《なか》には何《なに》か入《はい》っているの？

➡空気は透明《とうめい》だから、重さといっても想像しにくいけれど、空気の中には窒素《ちっそ》、酸素、二酸化炭素といった、目には見えない小さな粒がたくさん含まれています。この小さな粒には、それぞれちゃんと重さがあるんです。

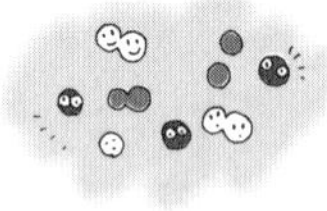

じゃあ、空気《くうき》はどのくらい重《おも》いの？

➡空気を1ℓ《リットル》の箱に詰めて測ると、約1.3ｇになります。これは1円玉と同じぐらいの重さなので、軽いと思うかな？でも地球を包む空気の厚さは約80kmあるので、1ℓ《リットル》の箱が空に向かってずーっと重なってるイメージだね。

空気《くうき》に押《お》しつぶされたりしないの？

➡地上では、1cm^{3}あたりで約１ｋｇの空気の重さがかかっているんだ。手のひら全体が100cm^{3}とすると、かかる重さは約100kgになります。でも空気につぶされないのは、身体の内側から同じ大きさの圧力で外に押し返しているからなんだ。

ちょっと一言いいかしら？

耳がツーンとくるお話を少々

高層ビルのエレベーターに乗って、耳がツーンとする経験はありませんか？
私たちの身体は気圧につぶされないように、内側から同じ大きさの圧力で押し返していますが、高層エレベーターなどで急な気圧の変化を受けると、身体の対応が追いつかず、耳の鼓膜の外と内の圧力バランスを崩してしまい、しばらくツーンと感じることがあります。

❖ 山《やま》の上《うえ》の気圧《きあつ》が低《ひく》い理由《りゆう》

空気には重さがあって、気圧とは空気の重さだって話したよね。
ではここからはちょっと想像してみてください。
空気の箱が地上から上空まで、まるでお蕎麦の重箱みたいに積み重なっているとします。当然、地上では重箱の数が多いので、ずっしり重くなります。「空気が重い」＝「気圧が高い」という状態です。
一方、山頂では上に登った分だけ、重箱の数が少なくなるので軽くなって、気圧が低くなるわけです。

❖ 外側《そとがわ》と内側《うちがわ》の力《ちから》のバランスで袋《ふくろ》が膨《ふく》らむ

山で菓子袋が膨らんだのも、上空は気圧が低いことが原因です。
菓子袋が地上にあるときは、袋の中は外と同じ量の窒素や酸素、二酸化炭素などの空気が詰まっています。だから、外側から押す空気の圧力と、内側から押す空気の圧力のバランスが取れている状態なんだ。

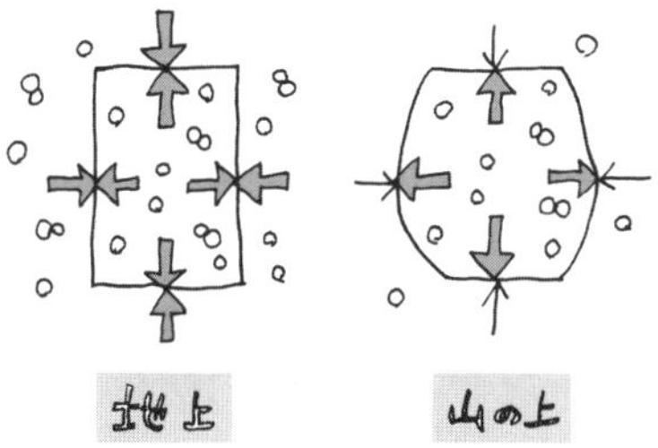

ところが山の上ではこのバランスが崩れます。上空は気圧が低くて空気の量が少なくなっているので、外側から押す空気の圧力が小さくなります。でも袋は密封されているので、内側から押す空気の圧力には変化がないので、袋がぱんぱんに膨らむのです。

今日のおさらい

- 気圧《きあつ》とは空気《くうき》の重《おも》さのこと
- 空気《くうき》は1㎠の面積《めんせき》に約《やく》1kgの圧力《あつりょく》がかかっている
- 空気《くうき》が外側《そとがわ》から押《お》す圧力《あつりょく》と、内側《うちがわ》から押《お》す圧力《あつりょく》のバランスで袋《ふくろ》が膨《ふく》らむ

関連の授業 ➡ 7月-3　8月-5

6月 5

気象衛星《きしょうえいせい》ひまわりって何《なに》?

難易度 ☀☀☀

「気象衛星《きしょうえいせい》ひまわり」は、赤道上空《せきどうじょうくう》の約《やく》35,800kmから観測《かんそく》をしている人《じん》工衛星《こうえいせい》です。静止衛星《せいしえいせい》の仲間《なかま》になります。

「ひまわり」はどうして落《お》ちてこないの?

➡地球には重力があるので、地球の周りに何かが浮かんでいると、重力に引っ張られます。「ひまわり」は約3km/秒という速度と、赤道上空約35,800kmという距離を保って地球の周りを飛ぶことで「地球が引っ張る力(重力)」と「飛び出そうとする力(遠心力)」のバランスで、落ちずにいられるんです。

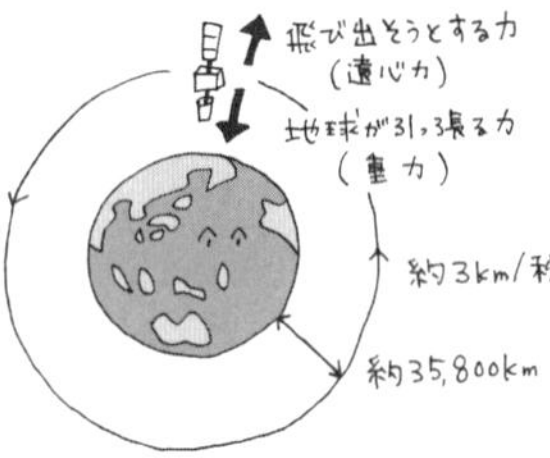

静止衛星《せいしえいせい》はどうして止《と》まっていられるの?

➡「静止」といっても、決して止まっているわけじゃないんだ。衛星が地球の自転と同じ周期で地球のまわりを回ることで、地上から見ると「静止」しているように見えるんだよ。

極軌道衛星《きょくきどうえいせい》ってどういう衛星《えいせい》?

➡地球の南北を回る軌道の衛星を、極軌道衛星っていいます。地球の全表面を観測できることが特徴です。アメリカのNOAAという極軌道衛星では、オゾン量を測る観測機器なども搭載しています。

ちょっと一言いいかしら?

次の「ひまわり」のお話を少々

2010年にひまわり6号から7号へ運用切り替えがありましたが、次期後継機のひまわり8号、9号の計画も進んでいるようで、打ち上げはそれぞれ2014年度と2016年度に予定しているそうです。ちなみに、7号に比べて画像解像度や観測時間の短縮などが期待できるようで、開発は国際入札の末、落札額は合計約300億円だそうです(高いのか安いのか?)。

気象《きしょう》衛星《えいせい》画像《がぞう》の種類《しゅるい》　～赤外《せきがい》画像《がぞう》～

雲を直接見ているわけじゃなく、温度を観測しているのが赤外画像です。テレビや新聞で使われる雲画像がこれです。温度を観測しているので昼夜問わず利用することができます。衛星から送られるデータの画像処理は、温度が低いほど白く、高いほど黒く処理するケースが多いので、たとえば高い場所の雲ほど温度が低いため、赤外画像では白く表現されます。

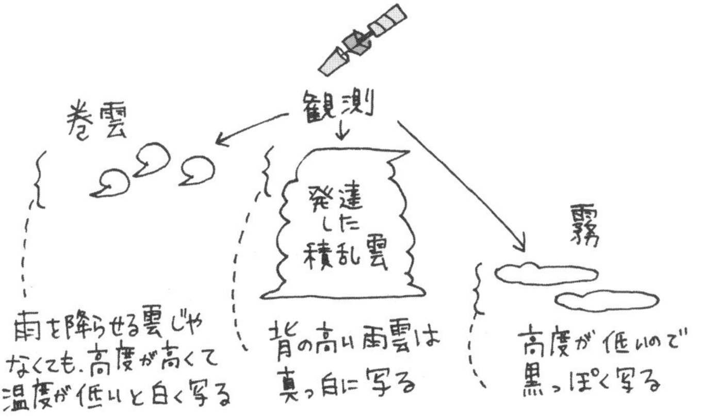

気象《きしょう》衛星《えいせい》画像《がぞう》の種類《しゅるい》　～可視《かし》画像《がぞう》～

可視とは人間の目で見ることができる光の波長のことなので、可視画像は、宇宙から人間が雲を直接見た状態と同じになります。

可視画像は、厚い雲ほど太陽の光をたくさん反射するので、白く見えます。でも、人間が見ている状態と同じということは、夜は暗くて観測できないというデメリットもあります。

図は同時刻の可視画像と赤外画像です。どちらも日本付近に真っ白な雲が写っているので、厚く発達した背の高い雨雲であることがわかります。

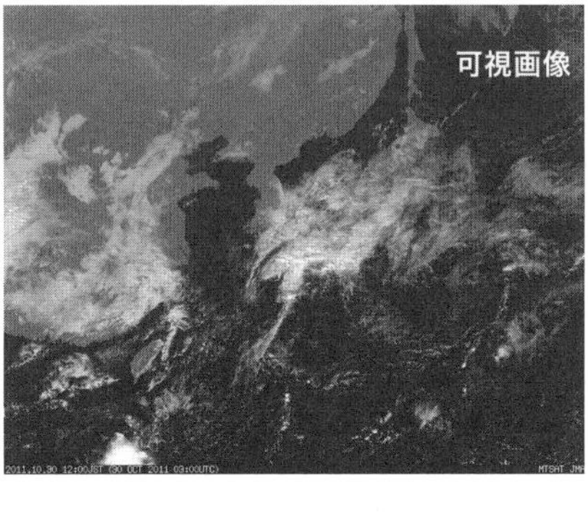

気象衛星画像《きしょうえいせいがぞう》の種類《しゅるい》　～水蒸気画像《すいじょうきがぞう》～

水蒸気画像は赤外画像の一種で、赤外線の中でも、水蒸気による吸収を受けやすい波長帯《はちょうたい》を観測した画像になります。

水蒸気が多い（空気が湿っている）ところは白く、少ない（空気が乾いている）ところは黒く表現され、とくに大気中層～上層の空気の流れが反映されます。

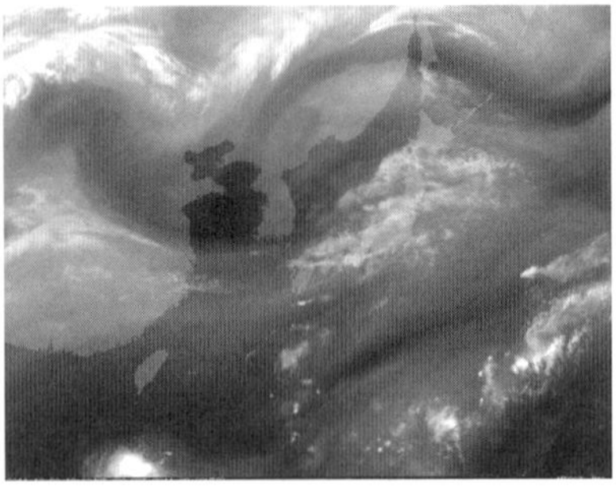

今日のおさらい

- テレビや新聞《しんぶん》で使《つか》われるのは赤外画像《せきがいがぞう》
- 静止衛星《せいしえいせい》は地上《ちじょう》から静止《せいし》して見《み》える。極軌道衛星《きょくきどうえいせい》は地球《ちきゅう》を南北《なんぼく》に周回《しゅうかい》
- 数種類《すうしゅるい》の気象衛星画像《きしょうえいせいがぞう》を比較《ひかく》して見《み》ることで、雲《くも》の発達具合《はったつぐあい》がわかる

関連の授業 ➡ 11月-4　1月-5　2月-2

7月

全国的に梅雨が明けはじめるよ

暑さが次第に強くなってくるぞ～

7月1

蜃気楼《しんきろう》ってどうやってできるの?

難易度

砂漠《さばく》や海《うみ》にできるものを想像《そうぞう》するかもしれないけど、暑《あつ》い日《ひ》のアスファルト道路《どうろ》に、ゆらゆらと見《み》える「逃《に》げ水《みず》」という現象《げんしょう》も蜃気楼《しんきろう》の一《ひと》つだよ。

蜃気楼《しんきろう》はどこの風景《ふうけい》を映《うつ》しているの?

➡蜃気楼は、実際に存在する風景が伸びたりひっくり返ったり、浮かんだりして見える現象なので、存在しない幻《まぼろし》の風景が映し出されるわけじゃないんだよ。

蜃気楼《しんきろう》はどんな形《かたち》があるの?

➡「伸びる」「ひっくり返る」「縮む」が代表的な蜃気楼の形だよ。

蜃気楼《しんきろう》はどんな種類《しゅるい》があるの?

➡大きく分けると、上位蜃気楼、下位蜃気楼の2つがあります。上位蜃気楼は、実際の風景の上に伸びたりひっくり返ったりした虚像が見える現象です。富山湾や琵琶湖の周辺で見ることができるらしいよ。下位蜃気楼は逆、実際の風景の下に虚像が見えます。砂漠の蜃気楼や逃げ水がこのタイプです。

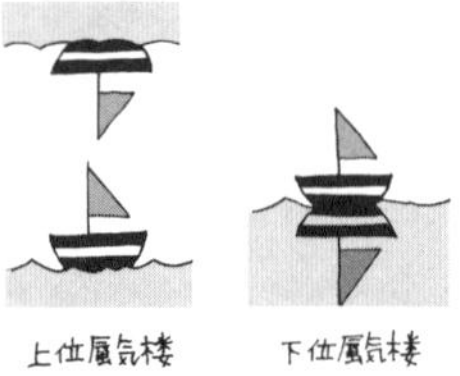

ちょっと一言いいかしら?

蜃気楼の語源のお話を少々

蜃気楼の「蜃」は、貝のハマグリという意味があります。昔の人は、大きなハマグリが口から妖気を吐いて、空中楼閣を出現させたと想像したそうです。「蜃」が妖「気」を吐いて空中「楼」閣を作ったので、「蜃・気・楼」ですね。

蜃気楼《しんきろう》のでき方《かた》　~2つの空気《くうき》の層《そう》がある~

蜃気楼は温度の違った2つの空気の層がある場合に発生します。天気のいい日に、アスファルト道路が熱したフライパンのようになってた経験ってあると思います。そんなときには、道路の熱で周辺の空気も温められるので、道路付近の暖かい空気と、その上の冷たい空気の2つの層ができやすくなります。

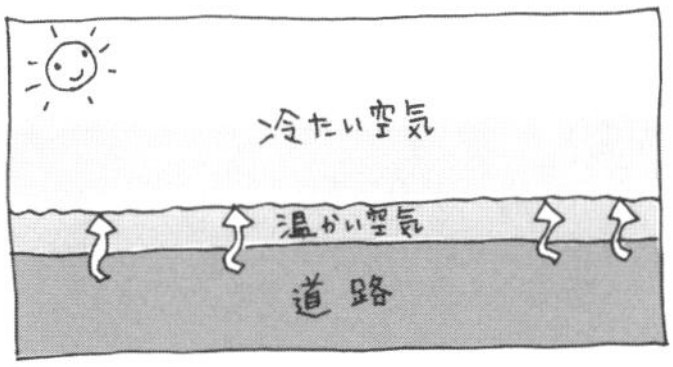

蜃気楼《しんきろう》のでき方《かた》　~光《ひかり》の屈折《くっせつ》がおきる~

空気に温度差がないときは、光は直進するので、観測者の直線上にあるモノだけが目に見えます。
だけど、「暖かい空気」と「冷たい空気」の層ができると、そこで光の屈折が起きるんだ。光というのは、温度に対して好き嫌いがあって、冷たい空気の方に曲がる性質をもっているんだよ。

蜃気楼《しんきろう》のでき方《かた》　~目《め》の錯覚《さっかく》がおきる~

観測者が2つの空気の層を通してモノを見ると、本当は曲がった光が目に入っているのに、直進する光だと錯覚をおこしてしまって、道路に鏡ができたように虚像が見えてしまいます。
図のように、空気の層が下が暖かくて上が冷たい場合には、逃げ水のような下位蜃気楼が発生しやすくなるし、逆に下が冷たくて上が暖かい場合には、上位蜃気楼ができやすくなります。

今日のおさらい

- 上位《じょうい》蜃気楼《しんきろう》、下位《かい》蜃気楼《しんきろう》の2つの種類《しゅるい》がある
- 光《ひかり》は冷《つめ》たい空気《くうき》の方《ほう》に屈折《くっせつ》する
- 人《ひと》は曲《ま》がった光《ひかり》が目《め》に入っても、直進《ちょくしん》する光《ひかり》だと錯覚《さっかく》してしまう

関連の授業 ➡ 7月-3

7月
2

夏《なつ》が暑《あつ》くて冬《ふゆ》が寒《さむ》いのはなぜ?

難易度

「どうして夏《なつ》は暑《あつ》いの?」「冬《ふゆ》は寒《さむ》いの?」という質問《しつもん》には、地球《ちきゅう》だけに目《め》を向《む》けていると答《こた》えることは難《むずか》しいかもしれないよ。

夏《なつ》は地球《ちきゅう》が太陽《たいよう》に近《ちか》くなるから暑《あつ》くなるんじゃないの?

➡太陽との距離が理由だと、北半球が夏のときに南半球が冬になる説明ができないね?地球は太陽の周りを公転《こうてん》していて、太陽に近くなる時期と遠くなる時期があるけど、地球と太陽の距離は1億5,000万kmもあって、太陽に近い時期と、遠い時期の差は約3%にすぎないんです。

夏《なつ》は昼間《ひるま》の時間《じかん》が長《なが》いから、暑《あつ》くなるんじゃないの?

➡昼間の時間が長い夏は、太陽からの熱をたくさん受けとれるから暑くなって、冬はその逆だと考えたんだね。それも間違えではないんだけど、昼間の長さだけで考えると、太陽が1日中沈まない白夜《びゃくや》の極地方《きょくちほう》がどうして寒いのか説明ができなくなってしまうよね。

夏《なつ》は冬《ふゆ》に比《くら》べて日当《ひあ》たりがいいのかな?

➡太陽の周りを、地球は23.4度傾きながら回っているんだけど、この傾きにより日当たりがいい時期と悪い時期ができるんだ。

日当たりがよく太陽の熱をたくさん受ける時期は夏、少ない時期は冬だよ。

ちょっと一言いいかしら?

夏至と冬至のお話を少々

1年で昼の時間が一番長いのが夏至、短いのは冬至ですが、夏至の日が1年で一番暑く、冬至の日が一番寒いというわけではありません。実際には、地面や海などが暖まったり冷えたりするのには時間がかかるので、夏至や冬至の日から約1ヵ月ぐらい遅れて影響が出てきます。ですから、夏至から1ヶ月後の7月下旬〜8月上旬が暑くなり、冬至から1ヶ月後の1月下旬〜2月上旬がもっとも寒くなる傾向にあります。

❖ 夏至《げし》と冬至《とうじ》の太陽《たいよう》の高《たか》さ

太陽が真南にきたときの太陽の高さ(角度)を南中高《なんちゅうこう》度《ど》というけれど、この高さは季節によってだいぶ違うんだ。東京を例にすると、1年で一番高い日を夏至(6月22日頃)、一番低い日を冬至(12月22日頃)といい、夏至の日の角度は約78度、冬至は32度で、その差は46度もあります。

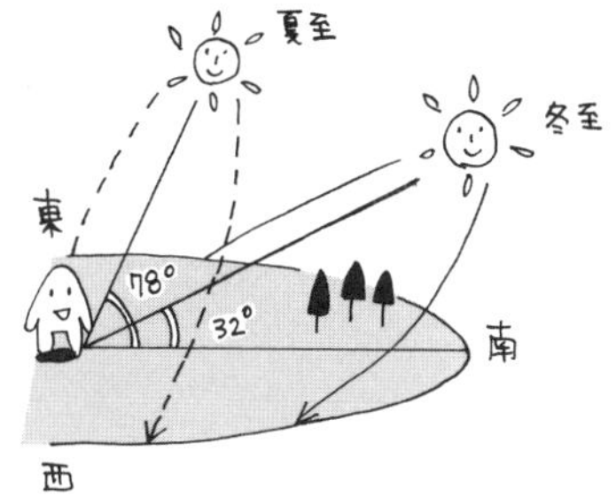

❖ 太陽《たいよう》からの光《ひかり》の量《りょう》の比較《ひかく》

図は、夏至と冬至で、地面が受ける太陽からの光の量の違いを示したものです。夏至のときは太陽の光があたる角度が大きいため、一定面積にあたる光の量が多くなります。でも、冬至では斜めから光が照すため、光があたる角度が小さくなって、一定面積にあたる光の量が少なくなってしまいます。

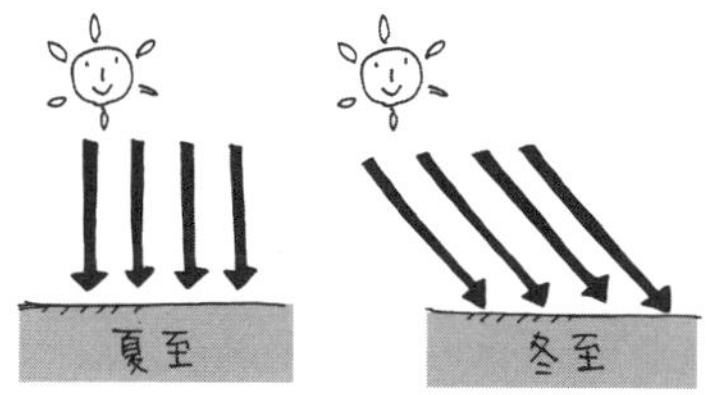

❖ 太陽《たいよう》のエネルギー量《りょう》の比較《ひかく》

夏至と冬至で、実際に地面が受ける太陽のエネルギー量の差を計算して比較してみよう。

＜前提条件＞

・東京(北緯《ほくい》35度)での南中高度:夏至78度　冬至32度

・南中高度90度で100%のエネルギーを受ける

＜計算＞

三角関数《さんかくかんすう》を使って一定面積のエネルギーを以下の形で求めることができます。

・夏至のエネルギー:sin(夏至の南中高度)=sin（78°)

・冬至のエネルギー:sin(冬至の南中高度)=sin（32°)

夏至のエネルギー /冬至のエネルギー＝sin(78°)/sin(32°)=1.85となり、夏至は冬至に比べて約2倍(1.85倍)のエネルギー量があることがわかります。

夏が暑くて冬が寒いのは、太陽の距離や昼の長さよりも、太陽のエネルギー量の違いが一番影響していることがわかったかな。

今日のおさらい

- 南中高度《なんちゅうこうど》が高《たか》くなると、地面《じめん》に入射《にゅうしゃ》する太陽《たいよう》の光《ひかり》の量《りょう》が増《ふ》える
- 1年《ねん》で昼《ひる》の時間《じかん》が一番長《いちばんなが》いのが夏至《げし》、短《みじか》いのは冬至《とうじ》
- 夏至《げし》と冬至《とうじ》で、地面《じめん》が受《う》ける太陽《たいよう》のエネルギー量《りょう》は約《やく》2倍違《ばいちが》う

関連の授業 ➡ 12月-3

7月
3

山《やま》の上《うえ》が寒《さむ》いのはどうして？

難易度

山《やま》の上《うえ》が寒《さむ》いというのは、なんとなく常識《じょうしき》としてわかっても、「太陽《たいよう》に近《ちか》いのに、寒《さむ》くなるのはどうして？」と聞《き》かれると、回答《かいとう》に迷《まよ》うよね。

太陽《たいよう》に近《ちか》づく方《ほう》が暖《あたた》かくならないの？

➡地球と太陽の距離は1億5000万kmで、富士山の山頂に登れば3,776m分、太陽に近づくけど、これを身近な距離に例えるなら、東京から京都までの距離が1cm近くなったぐらいのことなんだ。だから暖かさに太陽との距離は関係ないんだよ。

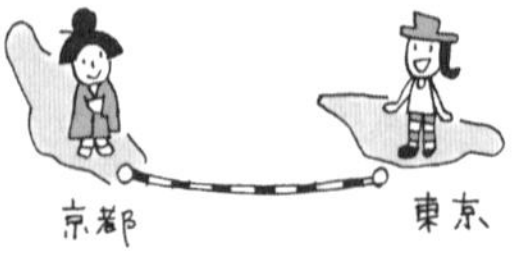

でも太陽《たいよう》の熱《ねつ》で空気《くうき》は暖《あたた》まるんでしょ？

➡うん、確かに地球は太陽から熱を受けています。でも、太陽の熱が空気を直接暖めているわけじゃないんだ。実際には、太陽からの熱は、空気をほとんど素通りしてしまって、地面を暖めているんです。

山《やま》の上《うえ》の気温《きおん》の下《さ》がり方《かた》の目安《めやす》ってありますか？

➡高度とともに気温が下がる平均的な割合は、100m高くなると約0.65℃です。実際の状況とかけ離れてしまう場合もあるけど、一応の目安として役立つと思います。高さ3,776mの富士山だと、地上に比べて約25℃も気温が下がる計算になるね。

ちょっと一言いいかしら？

高さによる気温の下がり方のお話を少々

周りと熱のやり取りがない状態を前提とすると、空気が上昇して気温が下がる割合には2通りあります。飽和した空気の方が気温の下がる割合が小さいのは、潜熱という水が凝結する際に放出される熱が影響しています。

■乾燥断熱減率

乾燥している空気が上昇したとき、1.0℃/100mの割合で気温が下がる

■湿潤断熱減率

水蒸気が飽和した空気が上昇したとき、約0.5℃/100mの割合で気温が下がる

山《やま》の上《うえ》が寒《さむ》い理由《りゆう》　～空気《くうき》は地面《じめん》の熱《ねつ》で暖《あたた》まる～

太陽の熱は空気を直接暖めないで、地面をまず暖めていきます。そして暖められた地面の熱で、その上の空気が暖められていくんだ。

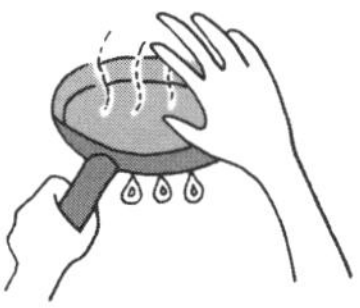

身近な例えとして、コンロで熱したフライパンに手を近づけると、フライパン付近で空気の熱さを感じて、遠ざけるにつれて熱を感じなくなっていくのと同じです。

つまり、地面から離れることで、地面からの熱がだんだん伝わらなくなって、上空の気温は下がっていくんだ。

山《やま》の上《うえ》が寒《さむ》い理由《りゆう》　～上空《じょうくう》では空気《くうき》が膨《ふく》らみ熱《ねつ》を失《うしな》う～

高い山の上では空気が薄くなるけど、それは気圧が低くなっていることを意味しています。

空気は気圧が下がると膨らむ性質をもっているけど、膨らむときに熱を失うんだ。そのために空気の薄い高いところでは、気温が下がっていくのです。

今日のおさらい

- 高度《こうど》とともに気温《きおん》が下《さ》がる平均的《へいきんてき》な減率《げんりつ》は、約《やく》0.65℃/100m
- 空気《くうき》は地面《じめん》の熱《ねつ》で暖《あたた》まるので、地面《じめん》から離《はな》れる上空《じょうくう》ほど気温《きおん》が低《ひく》くなる
- 気圧《きあつ》が下《さ》がって空気《くうき》が膨《ふく》らむと熱《ねつ》を失《うしな》う

関連の授業 ➡7月-1　8月-5　11月-5

7月
4

雷《かみなり》はどうやっておきるの?

難易度

雷《かみなり》は「神鳴《かみな》り」といって、昔《むかし》の人《ひと》たちはあのゴロゴロという雷鳴《らいめい》を聞《き》いて、神様《かみさま》の鳴《な》き声《ごえ》だと思《おも》ったそうです。

雷《かみなり》の素《もと》ってなんですか?

➡下敷きをこすって、髪の毛を逆立てて遊んだことはないかな?セーターを脱ぐときや、車のドアを開けようとしたときに「パチ」っとするあれもそうです。雷の素は静電気《せいでんき》です。雲の中で静電気がたくさん溜まると発生するんだ。

どうして雲《くも》の中《なか》で静電気《せいでんき》ができるの?

➡積乱雲《せきらんうん》とよばれる雲の中では、上下左右の強い風が吹いているんだけど、雲の中にある小さな氷の粒がぶつかり合ったりこすれたりすることで静電気ができて、雲の中に溜まっていくんだ。

ゴロゴロという音《おと》は静電気《せいでんき》の音《おと》?

➡空気は電気を通さないものなんだけど、雷は強引に空気をかきわけて進んでいくんだ。このときの雷の温度は数万℃といわれていて、空気を瞬間的に暖めます。空気は暖まると膨らむので、周辺の空気を押しつけて振動するんだ。この空気の震える音がゴロゴロって雷鳴の正体なんだよ。

ちょっと一言いいかしら?

雷の距離の測り方のお話を少々

観測者と雷までの簡単な距離の測り方を教えますね。音は平均して約340m/秒進みます。ですから、ピカッ!って光ってから、ゴロゴロって音が聞こえるまでの時間を計って、たとえば5秒だったら、5秒×340mで1700m、10秒だったら10秒×340mで3400m離れていることがわかります。簡単でしょ。

❖ 雷《かみなり》が発生《はっせい》する仕《し》組《く》み　～雷《かみなり》を作《つく》る環境《かんきょう》～

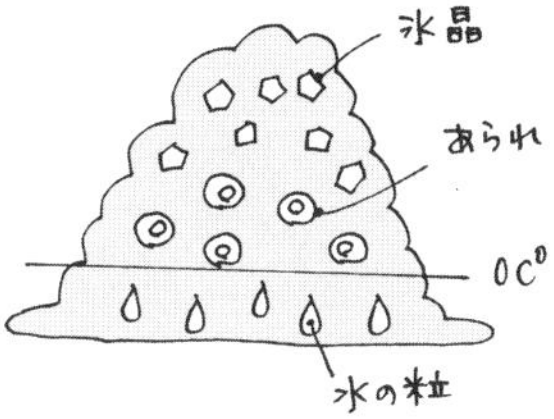

発達した積乱雲は背が高いので、夏でも雲の上の方では氷点下となっています。そのため、雲の下の方では水滴でも、上の方では氷晶などの氷の粒の状態になります。
氷晶は雷には必要不可欠なものなので、積乱雲が発達することが雷にとって大切になります。

❖ 雷《かみなり》が発生《はっせい》する仕《し》組《く》み　～静電気《せいでんき》を作《つく》って溜《た》める～

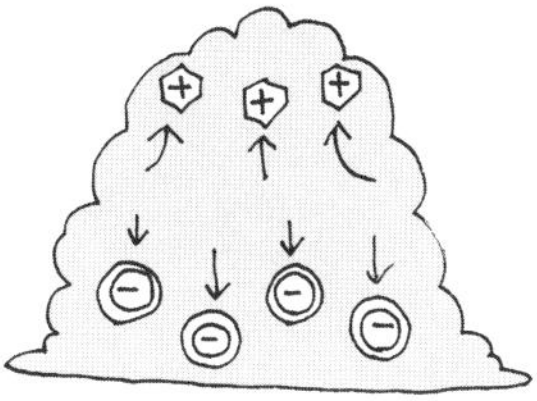

積乱雲の中では激しい上昇気流があるので、大きさと重さが違う氷の粒が雲の中でぶつかり、こすれ合うことで静電気が発生します。
このとき、氷晶はプラスの静電気、あられはマイナスの静電気になるんだ。
そして、軽くて小さい氷晶が雲の上の方に、重くて大きい「あられ」は下の方に集まっていくので、雲の上でプラス、下でマイナスの巨大な電池のような状態になります。

❖ 雷《かみなり》が発生《はっせい》する仕《し》組《く》み　～放電《ほうでん》の仕《し》組《く》み～

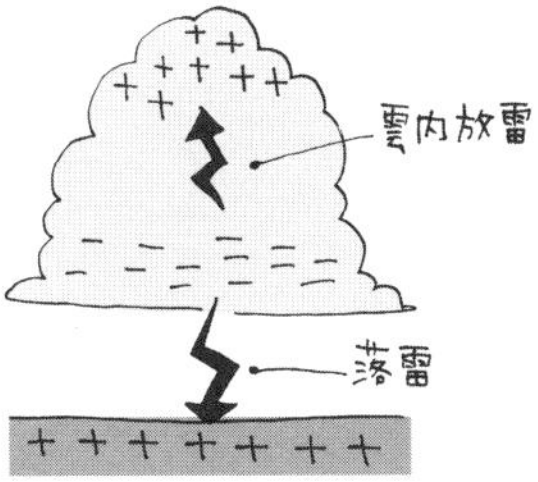

積乱雲の中にどんどん静電気が溜まっていき、これ以上耐えきれなくなると、雲の上（プラス）と下（マイナス）との電位の差によって、マイナスからプラスに向かって電気が流れます。これが放電（雲内放電《うんないほうでん》）です。
また、積乱雲の雲底《うんてい》が地上に近い場合は、雲の下のマイナスの電気によって、地面にプラスの電気が引き寄せられてくるんだ。そして、雲と地面との間で放電が起きると落雷《らくらい》になります。

今日のおさらい

- 氷《こおり》の粒《つぶ》がこすれ合《あ》って溜《た》まった静電気《せいでんき》が雷《かみなり》の素《もと》
- 雷《かみなり》は、電気《でんき》を通《とお》さない空気《くうき》を強引《ごういん》にかきわけて進《すす》む
- ゴロゴロは膨《ふく》らんだ空気《くうき》の振動《しんどう》の音《おと》

関連の授業 ➡ 5月-1

7月
5

都会《とかい》は暑《あつ》いって本当《ほんとう》?

難易度

ヒートアイランドは人間活動《にんげんかつどう》が直接関《ちょくせつかか》わった現象《げんしょう》です。都市部《としぶ》の環境《かんきょう》の特《とく》徴《ちょう》を考《かんが》えてみると、その原因《げんいん》がわかります。

どうして「ヒートアイランド現象《げんしょう》」っていうの?

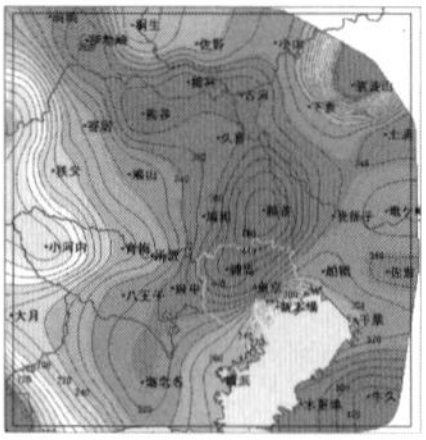

➡人や車が集まる都市部が、郊外に比べて暑くなる現象を「ヒートアイランド現象」といいます。地図上で熱(ヒート)の高いところに色を塗ると、それが島(アイランド)のように見えるからです。

ヒートアイランド現象《げんしょう》の原因《げんいん》はどんなものがあるの?

➡熱の原因は、大きく3つに分類できるんだ。
①土地からの熱…地面に水分が少ないアスファルトからの熱
②建物からの熱…日中、熱を吸収した高層ビルが、夜でも冷めずに熱を放出
③人工的な熱…エアコンや工場、車やバイクといった人間活動の排熱

実際《じっさい》、都心部《としんぶ》でどのくらい温度《おんど》が高《たか》くなってるの?

➡日本全体の平均気温は、100年前に比べて約1℃、東京や名古屋、京都や福岡などの大都市では約2～3℃も平均気温が上昇しているんだ。平熱36℃の人が、1℃上がっても辛いのに、3℃って大変なことだよね。

ちょっと一言いいかしら?

ヒートアイランドが生んだ雲のお話を少々

「いわし雲」はよく知られていますが、「かんぱち雲」を知っていたらお天気通です。「かんぱち」とは魚のかんぱちではなく、「環八雲」と書きます。東京都に走る「環状八号線」という道路の上空に、雲が一列に並ぶ現象が「環八雲」です。「ヒートアイランド現象」と「大気汚染」が生んだ「環八雲」は、空からの警告かもしれません。

ヒートアイランド現象《げんしょう》の起《お》こり方《かた》

ヒートアイランド現象は、都心部の人間活動の熱が発散しないで悪循環してしまうことがさらに問題なんだ。

①人間活動の悪循環

暑くなるとエアコンをつけるよね。するとエアコンから熱がでる。さらに温室効果ガスも発生して、もっと暑くなる。たまらなくなってエアコンの設定温度を下げる。これが人間活動の悪循環です。

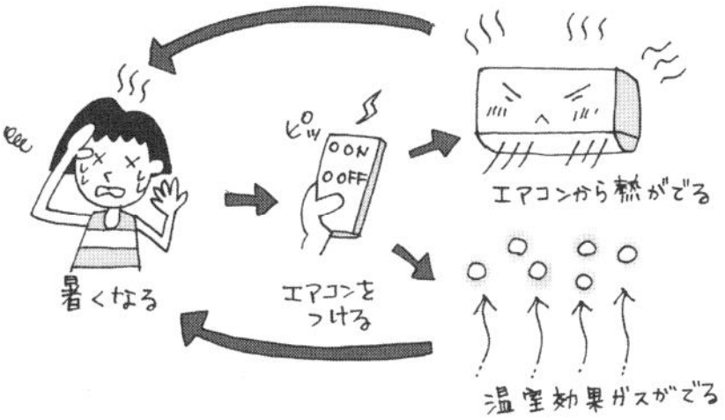

②空気の悪循環

都市部の空気が暖まって上昇気流が発生し、空気がぐるっとまわって都市部に留まってしまう現象を、ヒートアイランド循環とよんでいます。こうなると、熱のドームができあがって、長期間、暑い状態が続いてしまうんだ。

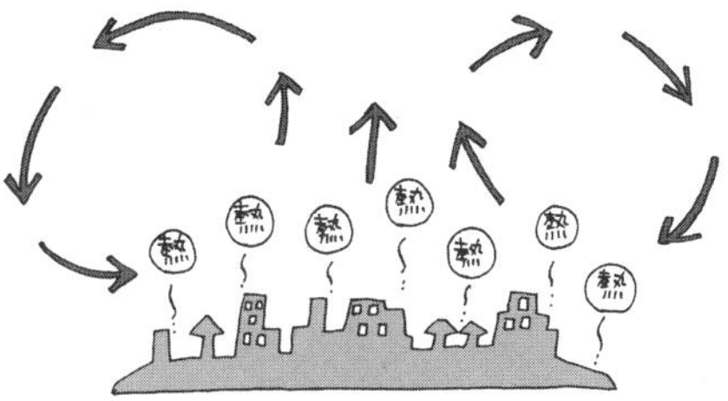

都会《とかい》を冷《ひ》やす方法《ほうほう》

熱の原因は大きく３つあるって説明したよね。それぞれどのくらい熱に寄与しているかというと、「①土地からの熱」が＋２℃程、「②建物からの熱」が＋１℃程、「③人工的な熱」が0.5℃以下という具合です。

だから、都会を冷やすには「①土地からの熱」を解消することが一番効率がいいことがわかるね。最近では、保水性のある道路を作ったり、ビルの屋上に植物を植えたり、海からの冷たい風を都心部に流れやすくする街づくりが進められています。

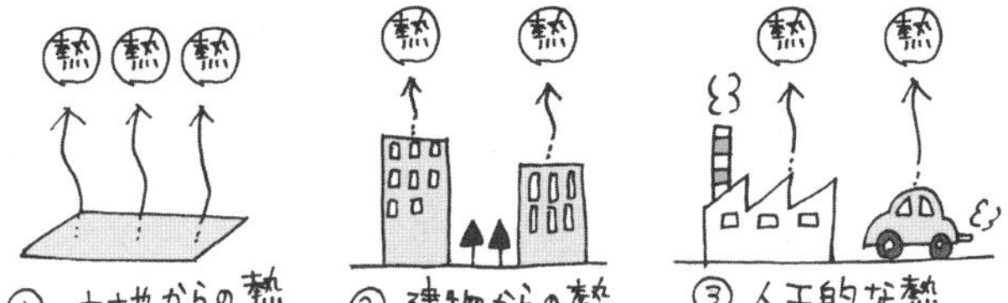

① 土地からの熱　② 建物からの熱　③ 人工的な熱

今日のおさらい

- **日本《にほん》の平均《へいきん》気温《きおん》は100年前《ねんまえ》に比《くら》べ約《やく》1℃、大都市《だいとし》では約《やく》2〜3℃上昇《じょうしょう》**
- **都心部《としんぶ》では、空気《くうき》の循環《じゅんかん》によって熱《ねつ》のドームができる**
- **ヒートアイランドの影響《えいきょう》は、「土地《とち》からの熱《ねつ》」がもっとも高《たか》い**

関連の授業 ➡ 9月-1　12月-5

コラム

気象観測記録《きしょうかんそくきろく》のNo.1

日本各地で記録された、さまざまな気象観測の値をご紹介します。
-41.0℃ではバナナで釘を打つことができ、風速85.3m/秒は新幹線と同じぐらいの速度になります。

■最高気温　40.9℃
（埼玉県熊谷、岐阜県多治見《たじみ》市：2007年8月16日）

■最低気温　-41.0℃
（北海道旭川《あさひかわ》：1902年1月25日）

■日降水量　851.5mm
（高知県魚梁瀬《やなせ》：2011年7月19日）

■1時間降水量　187mm
（長崎県長与《ながよ》：1982年7月23日）

■最大瞬間風速　85.3m/秒
（沖縄県宮古島《みやこじま》：1966年9月5日）

■最大風速　69.8m/秒
（高知県室戸岬《むろとみさき》：1965年9月10日 ）

■日積雪深　180cm
（富山県真川《まがわ》：1947年2月28日）

8月

8月8日頃を立秋《りっしゅう》といい、暦の上では秋がはじまるよ

8日以降の暑さを「残暑」というんだよ

8月
1

夏休み 実験してみよう~

雲《くも》を作《つく》る実験《じっけん》

雲《くも》は雲粒《くもつぶ》という小《ちい》さな水滴《すいてき》でできている説明《せつめい》をしたよね。ペットボトルに簡単《かんたん》な仕《し》掛《か》けをするだけで、雲《くも》を作《つく》ることができる実験《じっけん》です。

用意するもの

ペットボトル、水、線香《せんこう》

❶

ペットボトルの中に水を1/3ぐらい入れたら、シャカシャカとよく振ってから水を捨てる。よく振るのはペットボトルの中をたくさんの水蒸気で満たすためです。

❷

ペットボトルの中に線香の煙を入れて蓋《ふた》をする。煙に含まれる小さなチリが、雲粒を作るための核になります。

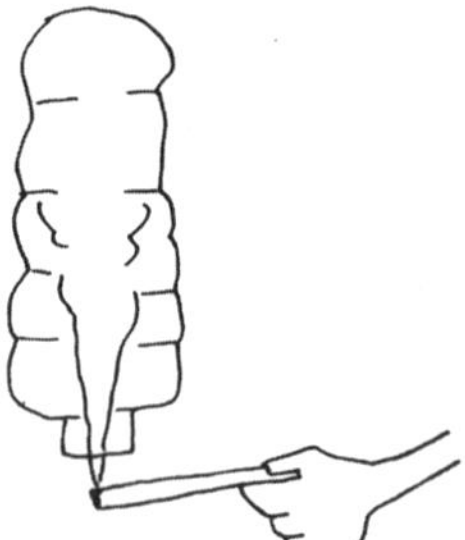

❸

ペットボトルを両手でギュッと潰《つぶ》すように握ったら、パッと手を離してみよう。中の空気が急激に膨らんで温度が下がり、水蒸気が小さな粒（雲粒）に変わって、ペットボトルの中が白く曇ります。

解説 します!

「4月-1: 雲は水蒸気でできていない?」の授業では、雲ができる手順を、「水蒸気があること」「空気を膨らませて温度を下げる」「雲粒を作る核があること」の3つ説明しました。

実際の雲は、上昇気流によって空気が上空に運ばれ膨張によって温度が下がるけど、この実験では、ペットボトルを握ってパッと離す行為で、気圧を急激に変化させて、温度を下げる環境を作りました。

8月
2

夏休み 実験してみよう〜

夕焼《ゆうや》け空《そら》を作《つく》る実験《じっけん》

ペットボトルをつかって、空《そら》の色《いろ》の変化《へんか》を観察《かんさつ》する実験《じっけん》です。懐中電灯《かいちゅうでんとう》の光《ひかり》の当《あ》て方《かた》を工夫《くふう》して、光《ひかり》の届《とど》き方《かた》を比《くら》べてみるといいよ。

用意するもの

大きなペットボトル（2リットル入りの大きいもの）、水、懐中電灯《かいちゅうでんとう》、歯磨き粉

❶
ペットボトルの中を水で満たしたら、小さじ2杯ほどの歯磨き粉を入れて、全体が少し濁るようによく混ぜ合わせます。空気の代わりが水で、溶けた歯磨き粉は空気中に含まれるチリ・ホコリの代わりになります。

❷
蓋をしたペットボトルを、テーブルの上に横に寝かせて置き、部屋を暗くします。そして大気に見立てたペットボトルの底の方から、懐中電灯の光を当てます。

❸
光に近い底の方は青白っぽく、遠くなるほど赤っぽく見えます。赤い光だけが遠くまで届くことがわかるはずです。これはつまり、夕焼け空が赤く見える現象と同じです。

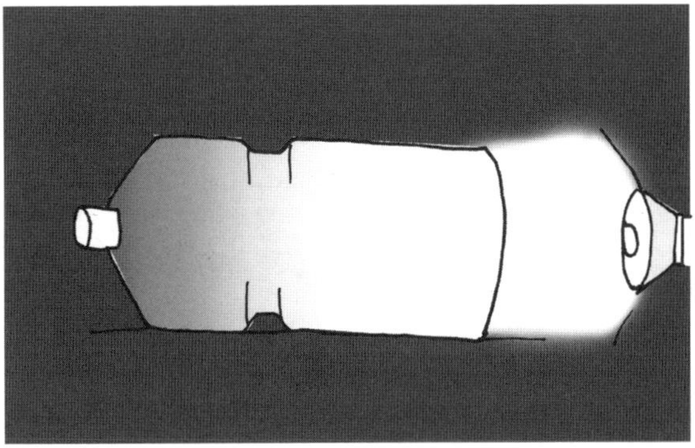

解説 します!

「5月-2: 空は青く、夕焼けが赤いのはなぜ?」の授業では、夕焼けが赤く見える理由を、光が空気の中を通過する距離が長いからと説明しました。
この実験では、懐中電灯の光を、ペットボトルの横から当てることで、西日の環境を再現しています。光は溶けた歯磨き粉が障害物になって、青系の光は先に散ってしまい、赤系の光が最後まで届いたことがわかります。

8月
3

夏休み **実験**してみよう~

虹《にじ》を作《つく》る実験《じっけん》

天気《てんき》がよい日《ひ》に、ホースで水《みず》をまくと虹《にじ》を作《つく》ることができるけど、室内《しつない》でも簡単《かんたん》に虹《にじ》を作《つく》れます。うまく光《ひかり》を屈折《くっせつ》させるために、ベストな懐中電灯《かいちゅうでんとう》の光《ひかり》の角度《かくど》を見《み》つけてみてね。

用意するもの

ペットボトル(円筒形《えんとうけい》のもの)、水、カッター、輪ゴム、懐中電灯、アルミホイル

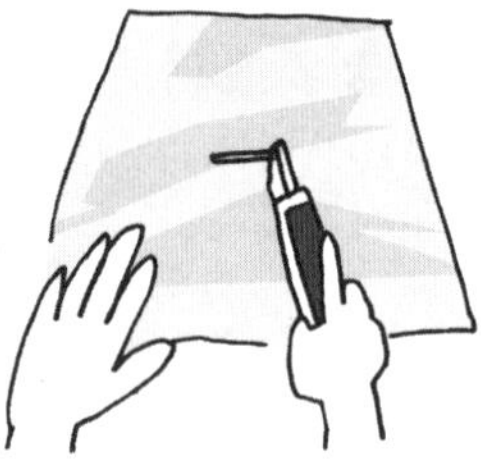

❶

アルミホイルの真ん中に、カッターで横1cm、縦5mmぐらいの細い切れ目を入れます。切れ目を入れるのは、光をしぼったほうが虹がよく見えるようになるからです。

❷

懐中電灯に❶のアルミホイルをくるんで、輪ゴムで固定します。このとき、アルミホイルの切れ目が、ちょうどライトの真ん中にくるようにするのがポイントです。

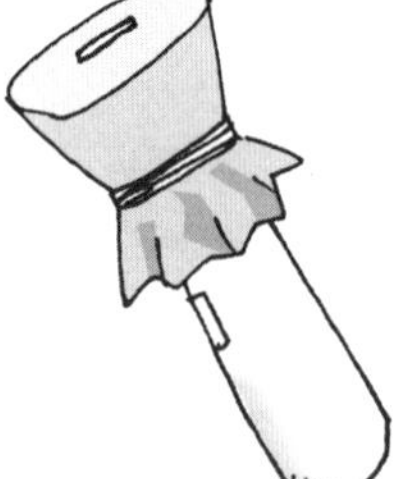

❸

水を満たしたペットボトルを机に立てて、部屋を暗くします。ペットボトルに懐中電灯の光を当てると、光が屈折《くっせつ》して、壁に小さな虹が現われます。円筒形のペットボトルだと、断面が円形でちょうど水滴の形と同じになって、きれいに分光《ぶんこう》しやすくなります。

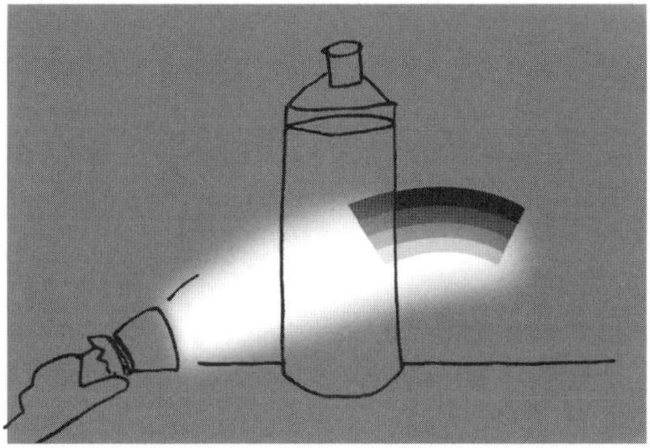

解説 します!

「1月-2: 虹はどうしたら見つけられるの?」の授業では、太陽の光が、空気中に浮かんだ水滴にによって屈折して、分光がおきて虹ができる説明をしました。
懐中電灯の光も、太陽の光と同じようにいろいろな色が混ざっているので、ペットボトルの水にあたって、光が屈折することで虹を作ることができます。

竜巻《たつまき》を作《つく》る実験《じっけん》

ペットボトルの中《なか》に竜巻《たつまき》を作《つく》る実験《じっけん》です。渦《うず》の様子《ようす》が見《み》えにくい場合《ばあい》には、後《うし》ろから懐中《かいちゅう》電灯《でんとう》を当《あ》ててみたり、切《き》り紙《がみ》を水《みず》と一緒《いっしょ》に混《ま》ぜてみると、見《み》やすくなるよ。

用意するもの

ペットボトル（円筒形のもの）、お湯、入浴剤《にゅうよくざい》（炭酸《たんさん》ガスがでるもの）

❶

ペットボトルに40℃ぐらいのお湯を8分目ぐらい入れます。対流《たいりゅう》が起きやすいように、丸底で円筒型のペットボトルを利用するのがポイントです。

❷

入浴剤を砕いて、ひとかけらをペットボトルに入れます。入浴剤からぶくぶくと炭酸ガスの泡が出てくることを確認してください。この泡が上《じょう》昇気流《しょうきりゅう》を作り出し、自然界での空気の対流の代わりになります。

❸

口から水がこぼれない程度に、ペットボトルをぐるぐると回転させます。すると、入浴剤の泡が渦を作り出して、竜巻を発生させます。この渦は意外と長続きするので、机の上において、じっくり観察することができるよ。

解説 します!

「10月-5: 竜巻はどうしておきるの?」の授業では、強い上昇気流と回転する力で渦を生み出すことと、竜巻はコリオリ力の影響をほとんど受けないので、右巻きでも左巻きでも発生すると説明しました。

この実験では、上昇気流を作る対流を入浴剤で応用し、ペットボトルに回転を加えることで竜巻を作り出しています。もちろん、左右どちらでも渦を作ることができるので試してみてね。

8月
5

夏休み 実験してみよう〜

気圧《きあつ》を体験《たいけん》できる実験《じっけん》

普段《ふだん》の生活《せいかつ》の中《なか》では、1cm^{2}あたり約《やく》1kgの空《くう》気《き》の重《おも》さがかかっています。でも、僕《ぼく》たちがこの重《おも》さを感《かん》じることはなかなか難《むず》しいので、アルミ缶《かん》を空気《くうき》の重《おも》さでつぶして、重《おも》さ(気圧《きあつ》)の存在《そんざい》を確《たし》かめる実験《じっけん》をしたいと思《おも》います。

用意するもの

アルミ缶、軍手《ぐんて》、洗面器、水、ヤカン

❶

空のアルミ缶の口を、沸騰《ふっとう》したヤカンの口に近づけて、水蒸気を入れます。やけどをしないように軍手をはめて、顔を近づけないように気をつけながら行ってね。

❷

アルミ缶が水蒸気でいっぱいになった頃合で、缶の口を下にして、用意していた水を満たした洗面器の中に沈めます。水の中に沈める寸前の缶の状態は、「缶の中の水蒸気が外に押す力」と「外の空気が缶を内に押す力」のバランスが釣り合った状態になっています。

❸

水に沈めたアルミ缶が音をたててつぶれます。缶の中の水蒸気が冷えて、水に戻ってしまったために、外の圧力（重さ）で缶がつぶれてしまったわけです。

解説 します!

「6月-4: 山で菓子袋が膨らむのはなぜ?」の授業では、気圧とは空気の重さのことで、外側からの圧力に対して、内側から同じ大きさの圧力で押し返していると説明しました。

この実験では、缶の中に満たした水蒸気が、冷えて水に変化することで、缶の内側から押していた圧力が弱くなり、外側からの圧力に押されて、缶がペッチャンコにつぶれてしまうのです。

8月
6

夏休み **実験**してみよう～

毛細管作用《もうさいかんさよう》を体験《たいけん》できる実験《じっけん》

霜柱《しもばしら》ができる条件《じょうけん》で欠《か》かせない毛細管作用《もうさいかんさよう》は、水《みず》にぬれやすい性質《せいしつ》のものであれば、同《おな》じように作《つく》ることができます。今回《こんかい》はガーゼを利用《りよう》した実験《じっけん》です。

用意するもの

コップ（2つ）、水、ガーゼ、泥

❶
コップに泥と水を入れてよくかき混ぜて、泥水を作ります。

❷
泥水が入った❶のコップの隣に、空《から》のコップを置きます。ガーゼを幅2cmぐらいに細長く折って、片方の端を泥水に浸し、もう片方を空のコップに入れます。このとき、ガーゼの両端はそれぞれのコップの底につくようにするのがポイントです。

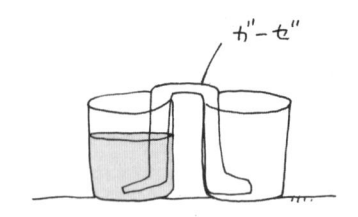

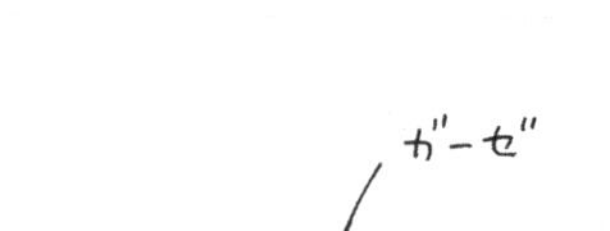

❸

しばらくすると、泥水の水だけがガーゼを伝わって空のコップに移動していきます。
このガーゼが水を吸い上げる現象を、毛細管作用とよびます。

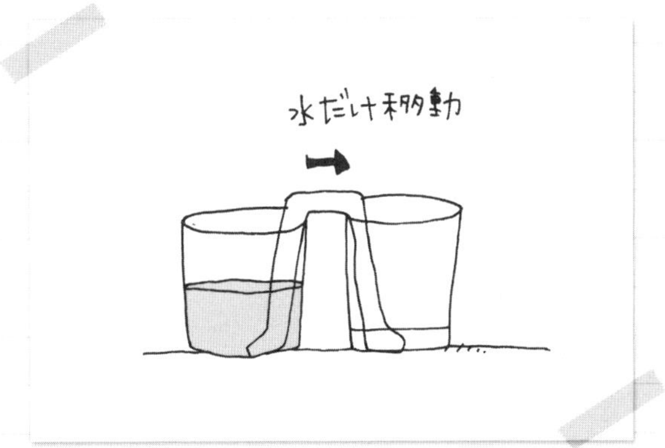

解説 します!

「12月-1: 霜柱はどうしてできるの?」の授業では、土の粒と粒の隙間を、水分が毛細管作用によって吸い上がってくる説明をしました。

この実験では、ガーゼを通じて毛細管作用による水の移動を観察することができます。泥水に含まれる土の粒は、ガーゼの繊《せん》維《い》の隙間を通り抜けることができないので、水だけが吸い上げられて、隣のコップにろ過されたきれいな水だけが増えていきます。
（でも飲まないでね）

8月
7

夏休み 実験してみよう~

過冷却水《かれいきゃくすい》を作《つく》る実験《じっけん》

雲《くも》の中《なか》では、水滴《すいてき》は0℃ですぐに凍《こお》らずに、過《か》冷却水《れいきゃくすい》の状態《じょうたい》を維持《いじ》しています。この実験《じっけん》は、人工的《じんこうてき》に過冷却水《かれいきゃくすい》を作《つく》って、一気《いっき》に氷《こおり》にしてしまうという、マジックのような実験《じっけん》です。

用意するもの

水、ガラスのコップ、氷、塩、料理用ボウル

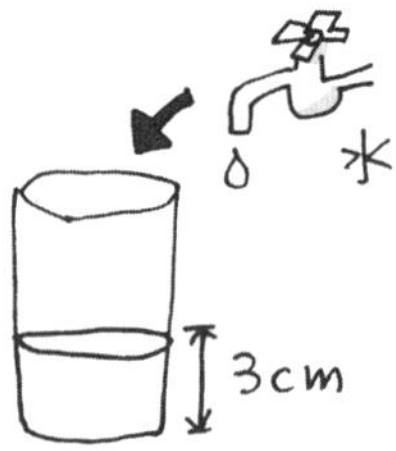

❶
コップの中に水を3cmぐらいの高さまで入れる。

❷
料理用ボウルの中に❶のコップを入れて、周囲に氷をしき詰めたら、氷に塩（大さじ2杯ぐらい）をふりかける。氷に塩をかけるのは、温度を低くするためです。

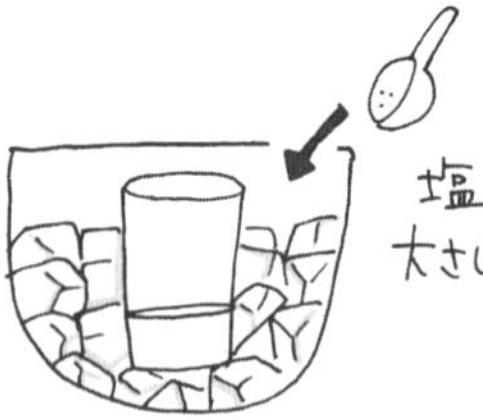

❸

❷を冷蔵庫に入れて(冷凍庫じゃなくて、冷蔵庫だよ)、20分くらい待ったら、そ～っとコップを取り出します(コップの中の水が凍っていたり、シャーベット状になっていたら失敗です)。このときのコップの中の水は、過冷却水になっていて、0℃以下の状態になっています。

さて、ここからです。コップの中に小さく砕いた氷の粒を落としてみよう。目の前で、あっという間に水が氷に変わっていくはずです。

解説 します!

「1月-3: 雪の結晶ってどんな形なの?」の授業では、雲の中に存在する過冷却水滴は、とても不安定な状態なので、氷晶に触れるとすぐに凍ってしまうという説明をしました。

この実験では、過冷却水を作って、そこに刺激を与えると一気に凍りつく現象を、目の前で体験することができます。

霧《きり》を作《つく》る実験《じっけん》

霧《きり》にはいろいろな種類《しゅるい》のでき方《かた》がありますが、中《なか》でも蒸気霧《じょうきぎり》は身近《みぢか》な材料《ざいりょう》で簡単《かんたん》に作《つく》ることができます。

用意するもの

牛乳瓶《びん》、お湯、氷

❶

牛乳瓶の中に、3cmぐらいお湯を入れる。

❷

氷を瓶の口にのせる。氷が溶けて瓶の底に落ちないように、少し大きめのものをのせるのがポイントだよ。

❸
氷のまわりの冷えた空気は重いので、ゆっくりと下に移動していきます。すると、瓶の底にたまっている暖かく湿った空気とぶつかって、霧が発生します。

解説 します!

「4月-3: 霧はどうしてできるの?」では、蒸気霧は暖かい水面上に冷たい空気が流れ込むと、水面から蒸発がおきて、水蒸気の補給によって発生する霧でした。
この実験は、湯を入れた暖かい瓶の底に、冷たい空気が流れ込むことによって、自然界の蒸気霧と似た環境を作り出すことができます。

コラム

インターネットで天気《てんき》を投稿《とうこう》

パソコンを使って、キーボードから天気を書き込む場合、ちょっとした裏技(?)があるよ。Windowsパソコンだったら、言語バーから、設定→プロパティ→「辞書/学習」タブにある、システム辞書の「Microsoft IME記号辞書」にチェックして、適用を押してみてください。
「てんき」と文字変換すると、「☀☂☁⛄」などの絵文字が変換候補に表われるはずだよ。
「☀|☁(晴れときどき曇り)」「☁→☂(曇りのち雨)」こんなふうにメールで送れるようになるよ

9月

秋の気配が近づいてくるなぁ

9月23日頃を秋分《しゅうぶん》といい、

この日を境に昼より夜が長くなるよ

しとしとと続く長雨は、秋雨前線の影響だね

9月
1

打《う》ち水《みず》で涼《すず》しくなるのはなぜ?

難易度

打《う》ち水《みず》をすると、気分的《きぶんてき》にも涼《すず》しくなった気《き》がするけど、実際《じっさい》に気温《きおん》を下《さ》げる効果《こうか》があるんだよ。

ただ涼《すず》しくなったような気《き》がするだけじゃないの?

➡確かに浴衣姿で水をまいたり、外で虫の音を聞いたりすると、涼しい気分になるね。でも、打ち水が気温を下げる効果は、気化熱を使ってちゃんと説明をすることができるんだよ。

気化熱《きかねつ》ってなに?

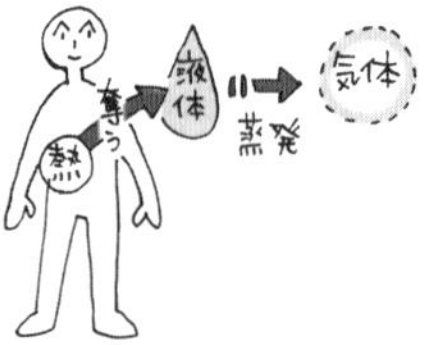

➡お風呂あがりに「早く拭かないと風邪ひくよ」といわれた経験はない?液体は蒸発するときに接したモノから熱を奪う性質があります。これが気化熱または蒸発熱です。だから濡れたままでいると、身体についた水滴が体温を奪いながら蒸発して、身体が冷えて風邪をひいてしまうのです。

東京都《とうきょうと》で大規模《だいきぼ》な打《う》ち水《みず》をしているって本当《ほんとう》?

➡都市のヒートアイランド現象に一番影響を与えているのは、アスファルト道路などの「土地からの熱」なんだ。だから東京都など都心部を中心として、みんなで一斉に打ち水をして、真夏の気温を2°C下げようという試みが行われているそうだよ。

ちょっと一言いいかしら?

顕熱と潜熱のお話を少々

0°Cの水を火にかけると、液体の状態のまま温度だけが上がっていき、温度計でその様子を見ることができます。これは目に見えて「顕れる」熱エネルギーなので「顕熱」とよびます。

一方で、水の温度が100°Cに達すると、これ以上温度は上がりませんが、水は水蒸気に状態変化していきます。この状態変化に費やされる目に見えない「潜んだ」熱エネルギーを「潜熱」とよびます。

打《う》ち水《みず》で涼《すず》しくなる理由《りゆう》

打ち水で涼しくなる理由は、大きく2つ考えられます。

①気化熱の効果

熱したアスファルトに打ち水をすると、液体の水が蒸発するときに、アスファルトから熱を奪っていくので温度が下がります。
ちなみに水1gが蒸発するときに、約0.58kcalの熱をアスファルトから奪っています。

②そよ風の効果

打ち水をした周辺の温度が下がると、空気の密度は高くなります。そして、「打ち水をした場所」と「していない場所」で密度の差が生まれるので、密度の高いところから低いところへ空気が移動をはじめます。このときの涼風をそよ風として感じることができます。

正《ただ》しい打《う》ち水《みず》の仕方《しかた》

いくつかのポイントを押さえておけば、効果的な涼《りょう》をとることができるよ。

①時間帯

朝や夕方の涼しい時間帯に行うのがベストです。日中の暑い時間帯だと、すぐに水が蒸発してしまって、逆に湿度が上がって蒸し暑く感じてしまうかもよ。

②撒《ま》き方

日陰や風通しのよい場所へ広範囲に撒くようにすると効果が長持ちします。室外機や壁面などに行うのも効果があるようです。

③使用する水

余計なエネルギーを使わずに涼しくするのが打ち水のよいところなので、わざわざ水道水などは使わずに、お風呂の残り湯などの二次利用水で行えるといいね。

今日のおさらい

- **液体《えきたい》が蒸発《じょうはつ》するとき、接《せっ》したモノから熱《ねつ》を奪《うば》う。この熱《ねつ》が気化熱《きかねつ》**
- **打《う》ち水《みず》の効果《こうか》は、気化熱《きかねつ》とそよ風《かぜ》**
- **打《う》ち水《みず》に使《つか》う水《みず》は二次利用水《にじりようすい》がおすすめ**

関連の授業 ➡ 4月-4　7月-5

9月
2

お天気雨《てんきあめ》ってどうしておきるの?

難易度

この不思議《ふしぎ》な天気《てんき》を、昔《むかし》の人《ひと》は「きっとキツネに騙《だま》されているんだ」と思《おも》って、「キツネの嫁《よめ》入り」とよんでいました。

お天気雨《てんきあめ》は、雲《くも》がないのに雨《あめ》が降《ふ》るんでしょ?

➡雨は雲の中で作られる。だから雨雲がないところから雨は降らないんだよ。お天気雨に遭遇《そうぐう》したら、頭上だけじゃなくて周辺の空も見てみてください。近くに小さな雨雲があったり、遠くに黒い雲があるはずなんだよ。

お天気雨《てんきあめ》の雪《ゆき》バージョンはあるの?

➡晴れているのにチラチラと雪が降る現象を、風花《かざはな》といいます。山などに積もった雪が、晴れた地域まで風に飛ばされて降ってくる現象です。雪は雨に比べてゆっくり落ちてくるから、風が強いと数十キロも飛ばされることもあるようだよ。

天気雨《てんきあめ》のときは虹《にじ》が出《で》やすいって本当《ほんとう》?

➡虹を作るには、空気中に浮かんだ水の粒と太陽の光が必要になります。お天気雨の状況は、虹ができるのに最適なので、できやすいはずだよ。

ちょっと一言いいかしら?

お天気雨の呼び方のお話を少々

別名「キツネの嫁入り」という表現はとても日本的な感じがしますが、世界では、お天気雨を動物の結婚で表現する国がほかにもあります。韓国ではトラ、アフリカではサルやジャッカル、アラビア圏ではネズミが結婚するといわれるそうです。動物の結婚という不思議な共通点ですね。

雨粒《あまつぶ》が地上《ちじょう》に届《とど》くまでの時間《じかん》

お天気雨がどうしておきるのかというと・・・
それは雨が地上まで落ちてくる時間を計算すると、答えにたどり着けるよ。
雨雲の高さを、3,000mぐらいとします。
雨粒の落ちるスピードは、粒の大きさによって違うけど、だいたい1秒で5mくらいのスピードで落ちるとします。
ちょうど小学生が走ったくらいの速さだね。
では計算してみるよ。

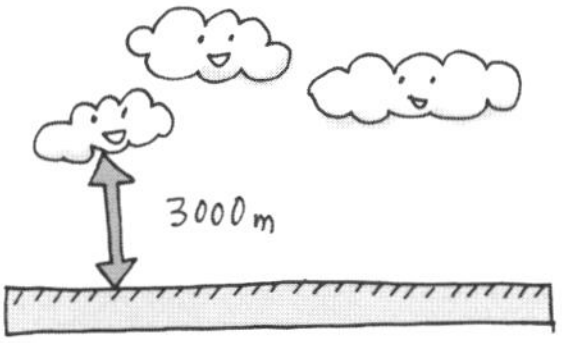

3,000m÷5m/秒＝600秒（＝10分）

高さ3,000mの雲からスタートした雨粒は、
5m/秒のスピードで落ちながら、地上にゴールするまで10分かかることになるね。意外と時間がかかると思わない？

お天気雨《てんきあめ》がおきる2つの理由《りゆう》

地上に降ってきた雨は、10分前に雨雲をスタートした雨粒だったね。その10分間に2つのうちどちらかがおきると、お天気雨になるんだ。

①雨が途中で風にとばされて、晴れた地域まで運ばれてしまったとき
②雨雲が小さくて、10分間のうちに消えてしまったり、遠くに運ばれてしまったとき

不思議な現象のお天気雨だけど、種明かしをしてみれば案外簡単でしょ？！

今日のおさらい

- **雨粒《あまつぶ》は5m/秒《びょう》で落《お》ちてきて、地上《ちじょう》まで10分《ぷん》かかる**
- **雨《あめ》が降《ふ》る途中《とちゅう》で風《かぜ》に飛《と》ばされたり、雨雲《あまぐも》が消《き》えてしまうとお天気雨《てんきあめ》**
- **お天気雨《てんきあめ》の別名《べつめい》を、「動物《どうぶつ》の結婚《けっこん》」で表現《ひょうげん》する国《くに》が多《おお》い**

関連の授業 ➡ 4月-2　1月-5

9月
3

オーロラってどうしてできるの?

難易度

地球《ちきゅう》には、虹《にじ》や夕焼《ゆうや》けなど太陽《たいよう》の光《ひかり》の影響《えいきょう》による美《うつく》しい自然現象《しぜんげんしょう》がたくさんあります。でもオーロラの仕組《しく》みはそれらとちょっと違《ちが》います。

オーロラはどのくらいの高《たか》さにできるの?

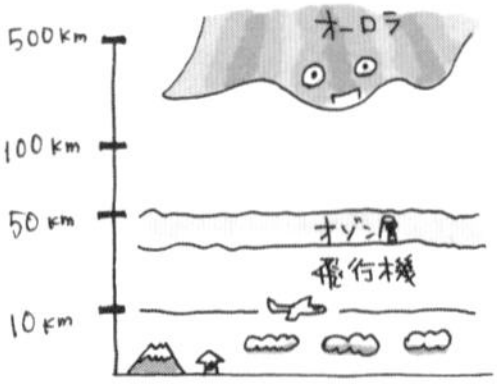

➡オーロラは上空100～500km付近にできる現象です。数百kmってピンとこないかもしれないね。ジェット機が飛ぶ高さは上空10km付近で、これは雲よりも高い高度です。そしてオゾン層があるのが10～50km付近、スペースシャトルが飛んでいるのが200～500km付近です。オーロラはものすごく高いところに発生するのです。

オーロラは「太陽《たいよう》の光《ひかり》」で光《ひか》るの?

➡虹も夕焼けも太陽柱《たいようちゅう》も、みんな「太陽の光」が原因でおきる現象だったよね。でもオーロラは、太陽の爆発が原因でできる現象なんだ。フレアといって、太陽の中では周期的に爆発を繰り返していて(太陽が粉々になくなってしまう爆発とは違うよ)、この爆発のときに小さな「電気の粒」がたくさん出てくるんだ。この「電気の粒」が地球に届くとオーロラができるんだよ。

「電気《でんき》の粒《つぶ》」はどうやって地球《ちきゅう》に届《とど》くの?

➡「電気の粒」は、太陽の爆発によってすごい勢いで広がるんだ。そして、太陽風(宇宙には空気がないから、地球の風とは違うもの)という流れにのって地球に届きます。

ちょっと一言いいかしら?

オーロラの色のお話を少々

オーロラの色は高度によって違ってきます。なぜかというと、高度によって空気の粒の種類や密度が異なっているからです。たとえば、100km付近では窒素の粒が発光する青やピンク。100～200kmでは、酸素の粒による緑色。そして200～300では赤色が中心になります。

オーロラのでき方《かた》　～地球《ちきゅう》に「電気《でんき》の粒《つぶ》」が届《とど》くこと～

フレアとよばれる太陽の爆発によって、太陽から「電気の粒」が出ることを説明したね。この電気の粒がオーロラの原資になります。「電気の粒」は太陽風にのって地球に運ばれ、その速さは、１億5000万kmもある地球と太陽の距離を、なんと３～４日で届く猛スピードです。

オーロラのでき方《かた》　～「電気《でんき》の粒《つぶ》」と「磁石《じしゃく》」で発電所《はつでんしょ》を造《つく》る～

地球は北極をＳ極、南極をＮ極とした大きな磁石だってことは知っているよね。

太陽風で運ばれた「電気の粒」は、地球の磁石に出会うと発電が行われて、地球の周りに大きな電気のエネルギーをもった発電所を造るんだ。

オーロラのでき方《かた》　～「電気《でんき》の粒《つぶ》」が「空気《くうき》の粒《つぶ》」にぶつかり発光《はっこう》～

発電所の中に蓄えられた「電気の粒」は、Ｓ極の北極とＮ極の南極地方に引き寄せられて、一部が地球の大気に飛び込むことがあります。飛び込んだ「電気の粒」は、大気中の「酸素」や「窒素」といった「空気の粒」にぶつかります。すると、「空気の粒」に電気のエネルギーが与えられて発光します。この光がオーロラなんだ。

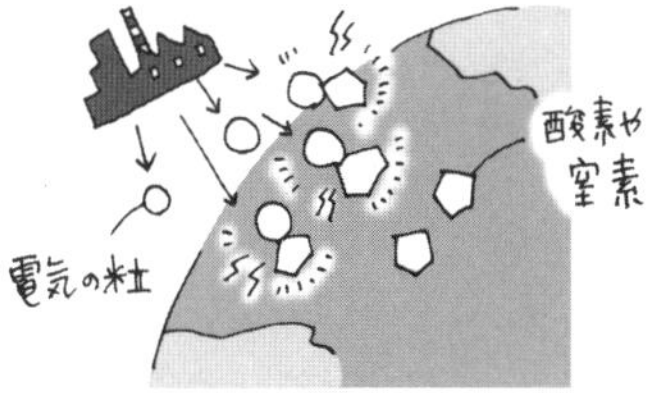

今日のおさらい

- 太陽風《たいようふう》にのった「電気《でんき》の粒《つぶ》」は、地球《ちきゅう》の磁石《じしゃく》に出会《であ》ってエネルギーを造《つく》る
- 「電気《でんき》の粒《つぶ》」が北極《ほっきょく》と南極《なんきょく》に引《ひ》き寄《よ》せられ、オーロラは極地方《きょくちほう》にできる
- 「空気《くうき》の粒《つぶ》」の種類《しゅるい》によって発光《はっこう》する色《いろ》が違《ちが》う

関連の授業 ➡ 5月-2　1月-2

9月
4

台風《たいふう》はどうやって日本《にほん》にくるの?

難易度

南《みなみ》の海上《かいじょう》から弧《こ》を描《えが》きながらやってくる台風《たいふう》は、まるで意思《いし》をもって日本《にほん》列島《れっとう》に近《ちか》づいてくるようにも見《み》えるよね。台風《たいふう》はどんなふうにくるのかな。

台風《たいふう》は何《なん》のためにやってくるの?

➡空気(大気)は「暖かい空気」と「冷たい空気」があると、混ざり合ってバランスを取ろうとする性質があるんだ。台風は赤道付近の「暖かい空気」を高緯度へ運んで、地球の温度バランスを整える一役を担っているんだ。

台風《たいふう》は1年《ねん》でどのくらい発生《はっせい》しているの?

➡気象庁の過去30年間(1981年〜2010年)のデータによると、年間で平均25.6個の台風が発生しています。そのうち日本に上陸した台風は、約10%の2.7個です。上陸数が多い月は、7〜10月です。

どうして夏《なつ》〜秋《あき》にかけて日本《にほん》にくるの?

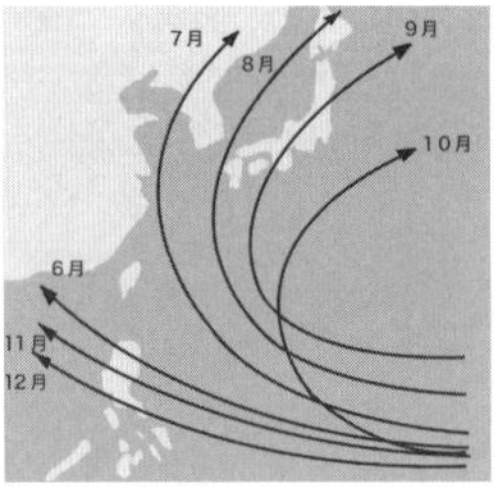

➡台風の月別上陸数が7〜10月にかけて多いのは、上空の風の流れと台風発生の場所に関係があります。月別の台風の主要な経路を見ると、赤道付近で発生している冬季に対して、7〜9月は少し高緯度で発生するため日本に向かって北上する台風が多くなって、夏〜秋が台風シーズンになるんだよ。

ちょっと一言いいかしら?

台風の別の呼び方のお話を少々

・台風=typhoon(太平洋西部で発生)
・ハリケーン=hurricane(太平洋東部、大西洋で発生)
・サイクロン=cyclone(インド洋で、太平洋南部で発生)

このように台風は発生した地域によって呼び名が違います。たとえば台風とハリケーンは、日付変更線のある東経180度が呼び名の境目になっているので、台風が東経180度を越えてアメリカ側に移動するとハリケーンに変わり、戻ってくると元の台風になります。

台風《たいふう》が自分《じぶん》で動《うご》けない理由《りゆう》

自動車がガソリンで動くように、台風は水蒸気をエネルギーとしています。でも少し違うのは、台風は自動車のようにエネルギーを動力に変換しているのではなく、台風自身が大きく強く発達するために使っています。だから台風は自分で動く力をもっていません。一般流《いっぱんりゅう》とよばれる上空の風に流されることで動くことができます（ヨットのようなイメージだね）。

一般流が弱いと、コリオリ力とよばれる地球の自転の影響を受けて、北〜北西に向かってフラフラと進んでいってしまいます。

台風《たいふう》を動《うご》かす３つの風《かぜ》

台風を動かす一般流とよばれる上空の風は、貿易《ぼうえき》風《ふう》、太平洋高気圧（吹き出す風）、偏西風《へんせいふう》の３つの風があります。

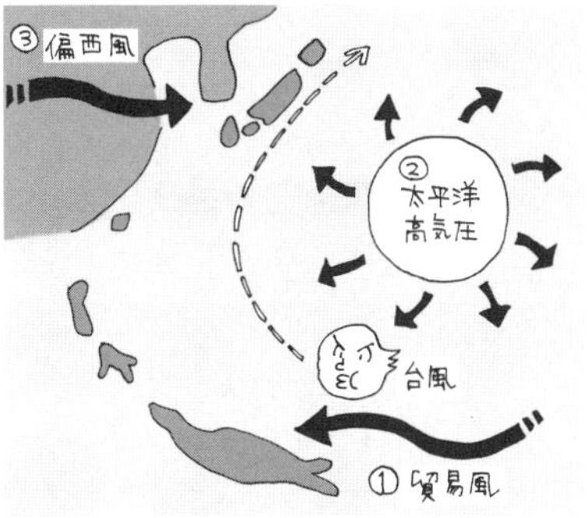

①貿易風の影響を受けて西へ移動

赤道付近で発生した台風は、最初に貿易風とよばれる東風の影響を受けて西に進みます。実際にはコリオリ力の影響を受けるので、貿易風を受けながらも北よりの方向に進んでいきます。

②太平洋高気圧から吹き出す風に乗って北上

太平洋高気圧からは時計回りで風が吹き出しています。台風が貿易風から抜けると、今度はこの吹き出す風に押し上げられて北上します。

③偏西風によって東寄りに進路変更

北上した台風が中緯度付近にやってくると、偏西風とよばれる西風の影響を受けて進路をしだいに東よりに変えます。

太平洋高気圧《たいへいようこうきあつ》が台風《たいふう》の日本上陸《にほんじょうりく》を左右《さゆう》する

台風が日本に上陸するかどうかは、太平洋高気圧の位置や強さが大きく影響するんだ。勢力が強くて日本列島まで大きく張り出していると、高気圧の周りを大きく回って朝鮮半島や大陸の方に進んでいくけれど、勢力が弱くて北へ押し上げる力が弱いときは、日本の南の海上を通過するパターンが多くなります。

今日のおさらい

- **冬《ふゆ》は赤道付近《せきどうふきん》で発生《はっせい》するけど、夏《なつ》は北緯《ほくい》20度付近《どふきん》で発生《はっせい》する**
- **台風《たいふう》は自分《じぶん》では動《うご》けない**
- **台風《たいふう》を流《なが》す風《かぜ》は、貿易風《ぼうえきふう》、太平洋高気圧《たいへいようこうきあつ》、偏西風《へんせいふう》の3つ**

関連の授業 ➡ 4月-4　9月-5

9月
5

台風《たいふう》の進路予報図《しんろよほうず》の正《ただ》しい見方《みかた》

難易度

近年《きんねん》、予報技術《よほうぎじゅつ》の向上《こうじょう》によって、台風進路予報《たいふうしんろよほう》の精度《せいど》がさらによくなっています。予報進路図《よほうしんろず》の正《ただ》しい見方《みかた》を覚《おぼ》えて、防災《ぼうさい》に備《そな》えられるようにしよう。

進路予報《しんろよほう》の見方《みかた》を教《おし》えてください

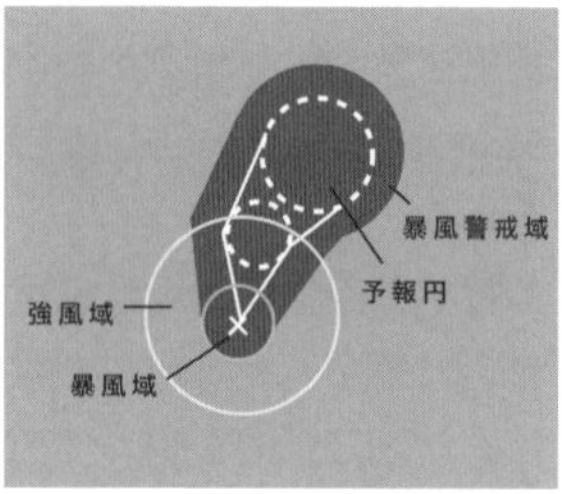

➡円がたくさんあってわかりにくいかもしれないけど、ここは正しく覚えておこう！進路予報図は、台風の「現在」と「未来」を表わした図です。

■現在の台風　台風が現在どんな状態にあるのかを表現しています。円の中心に「×」があるところ、ここが台風の中心位置です。その外側に２つの円があるけど、内側の円が暴風域《ぼうふういき》（25m/秒以上）、外側の円が強風域《きょうふういき》（15m/秒以上）を表わします。

■未来の台風　点線で描かれた円は台風の未来のことを表わす予報円になります。この予報円のまわりをぐるっと囲っているのが暴風警戒域《ぼうふうけいかいいき》です。予報円に台風の中心が入ったときに、暴風《ぼうふう》に入ると予想される範囲を表わしています。

予報円《よほうえん》が大《おお》きいと、台風《たいふう》の勢力《せいりょく》は強《つよ》くなる?

➡予報円の大きさは、台風の規模や強さとは無関係なんだ。「予報円内のどこかに、70%の確率で台風の中心が到達しますよ」という意味になります。予報期間が長くなるほど、予報円は大きくなりがちなんだけど、これは時間が経つと、予報誤差が大きくなってくるためなので、台風の勢力が強くなるわけではないのでお間違えなく。

台風情報《たいふうじょうほう》はどのくらいの間隔《かんかく》で更新《こうしん》するの?

➡気象庁は台風が発生すると、３時間ごとに台風情報を発表しています。そして、日本列島に接近すると、１時間ごとに更新間隔が短くなります。台風が温帯低気圧、または熱帯低気圧に変わってしまうと発表は終了です。

予報円《よほうえん》スタイルの歴史《れきし》

台風の進路予報の表現は半世紀にわたって試行錯誤《しこうさくご》を繰り返してきたんだ。

①扇形方式《おうぎがたほうしき》（昭和28年～昭和57年）

扇型方式は、昭和28年から約30年間、TVなどの台風報道で活躍してきました。
しかしこの方式は、進行の範囲はわかっても、速度の誤差が表示されないという欠点があったんだ。

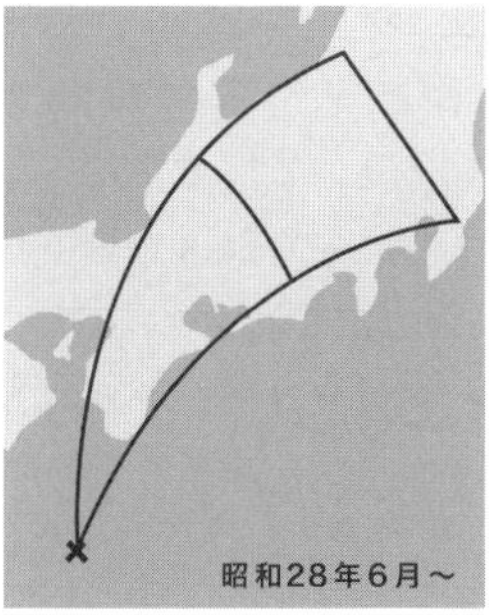

②予報円方式《よほうえんほうしき》（昭和57年～昭和61年）

扇形方式の改良版が、予報円方式です。将来の台風の位置と進行方向がわかるようになって、おなじみの円式スタイルになりました。

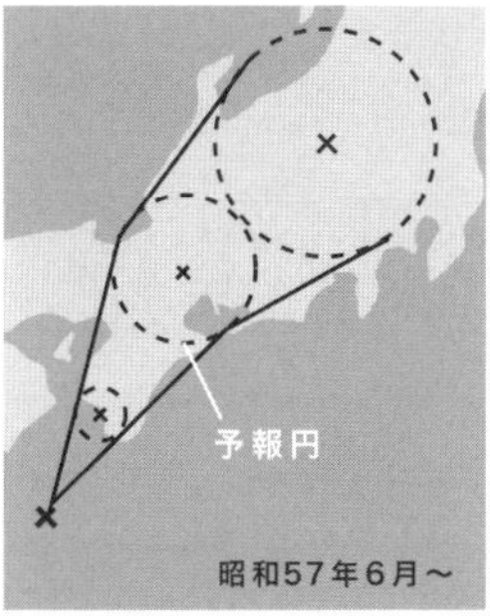

③予報円《よほうえん》＋暴風警戒域《ぼうふうけいかいいき》（昭和61年～）

予報円の外側に暴風警戒域を表わす円が表示されるようになりました。
その後の技術革新では、進路予想の期間が48時間先（2日先）、72時間先（3日先）と伸びていって、平成9年には予報円に入る確率も60%から70%にアップしました。

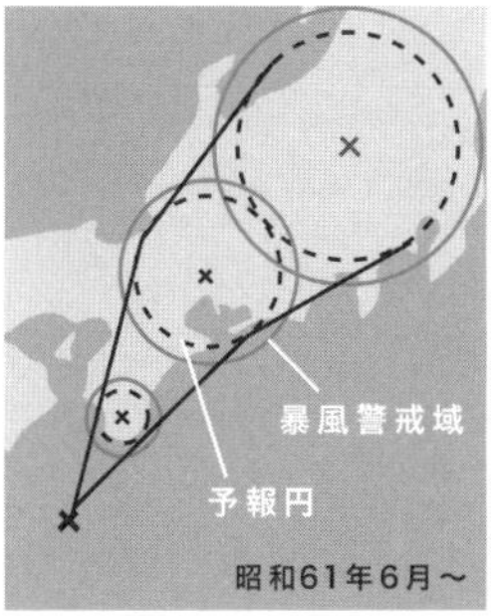

ちょっと一言いいかしら？

台風予報の発表の話について少々

「台風の予報がよく当たる民間気象会社はどこ？」という質問がたまにあります。
台風の進路予報や警報・注意報など、災害に直接結びつくような情報は、気象庁のみが発表できることになっていて、民間の気象会社が独自に予報をするこは法律で禁止されています。なぜかというと、命に関わる情報が、複数の違った予報で報道されたら、混乱を招いてしまいますね。

最新《さいしん》の台風《たいふう》予想進路《よそうしんろ》

①3時間刻みの予報

台風が日本列島に接近すると、24時間先までを3時間刻みで予報円を発表しています。
自分の住む地域で警戒が必要となる時間帯や、いつ頃から台風対策を始めればよいかがわかりやすくなりました。

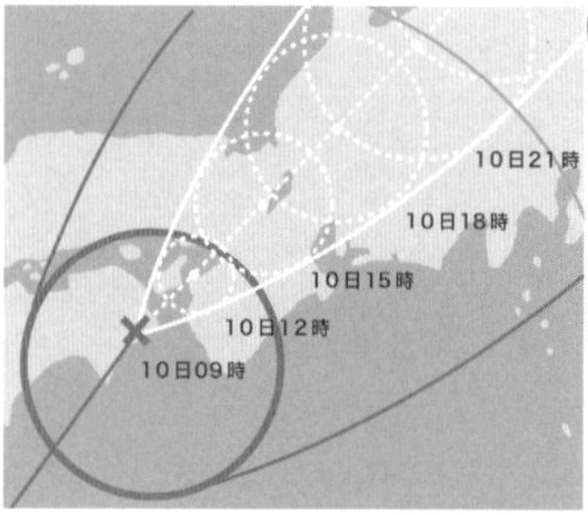

②4日、5日先の予報

「3日先も台風」と予想される場合は、4日先、5日先の予報も発表しています。
でも、4日先、5日先の予報では、暴風警戒域などの予報は行わず、進路のみの予報になります。

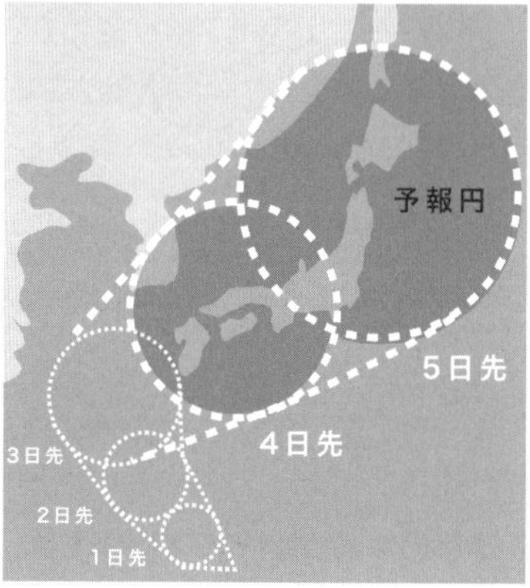

今日のおさらい

- 暴風域《ぼうふういき》は25m/秒以上《びょういじょう》、強風域《きょうふういき》は15m/秒以上《びょういじょう》
- 予報円《よほうえん》の大《おお》きさは、台風《たいふう》の規模《きぼ》や強《つよ》さとは無関係《むかんけい》
- 「3時間刻《じかんきざ》みの予報《よほう》」と「4日《よっか》、5日先《いつかさき》の予報《よほう》」は、平成《へいせい》19年《ねん》から開始《かいし》

関連の授業 ➡ 5月-5　9月-4　1月-4

10月

朝夕の気温がだいぶ下がって、秋も深まってくるぞ

秋雨前線や台風による雨は、もうしばらく続くだろうね

富士山の初冠雪《はつかんせつ》が観測される頃だなぁ

10月
1

秋《あき》の空《そら》は高《たか》いって本当《ほんとう》?

難易度

秋《あき》の空《そら》は高《たか》いといわれます。確《たし》かに夏空《なつぞら》に比《くら》べて、秋晴《あきば》れのスッキリした空《そら》が高《たか》く感《かん》じるのはどうしてでしょう?

空《そら》が澄《す》んでいると高《たか》く見《み》えるのかな?

➡確かに秋は、移動性高気圧によって乾いた澄んだ空気が運ばれてくるけれど、実は冬も同じように空気は澄んでいることが多いんだ。だから、これだけでは秋の空が高い理由にはならないかもしれないね。

そもそも空《そら》の高低《こうてい》って、何《なに》を基準《きじゅん》にするのかしら?

➡それはたぶん「雲」だと思うんだ。秋になると巻雲《けんうん》、巻層雲《けんそううん》、巻積雲《けんせきうん》といった高いところにできる雲がよく見られるようになります。いつもより高いところの雲を見ることで、空を高く感じやすくなるんじゃないかな。

空《そら》には天井《てんじょう》があるの?

➡高度10kmくらいまでを対流圏《たいりゅうけん》といって、ほとんどの気象現象がここでおきています。対流圏には天井があって、地上から探すことができるんだよ。入道雲が発達すると、雲頂付近の雲が水平に広がることがあります。この雲を「かなとこ雲」といって、雲がこれ以上高く成長することができない境界を意味しています。高度でいうとちょうど10kmくらい、対流圏の天井にあたります。「かなとこ雲」を見つけたら、「あそこが空の天井なんだな」って思ってください。

ちょっと一言いいかしら?

対流圏のお話を少々

日本付近では地上~高度10kmくらいまでを対流圏といい、大気質量の約80%がこの層にあります。また、たくさんの水蒸気も含んでいるので、雲を作ったり雨を降らせたりといった気象現象のほとんどがここでおきています。

対流圏の天井を「対流圏界面《たいりゅうけんかいめん》」といい、季節や緯度によって高さが変化します。赤道付近がもっとも高く、北極や南極に向かうにつれて低くなっていきます。

秋《あき》の対流圏《たいりゅうけん》の高《たか》さ

「かなとこ雲」ができる辺り、すなわち対流圏の天井の高さは一定ではなくて、季節によって変動しているんだ。日本付近では夏が一番高く12kmくらい、冬には8kmくらいまで低くなります。だから空を対流圏の高さで解釈すると、実際は秋よりも夏の方が空が高いことになるんだ。

それでも秋《あき》の空《そら》が高《たか》い理由《りゆう》

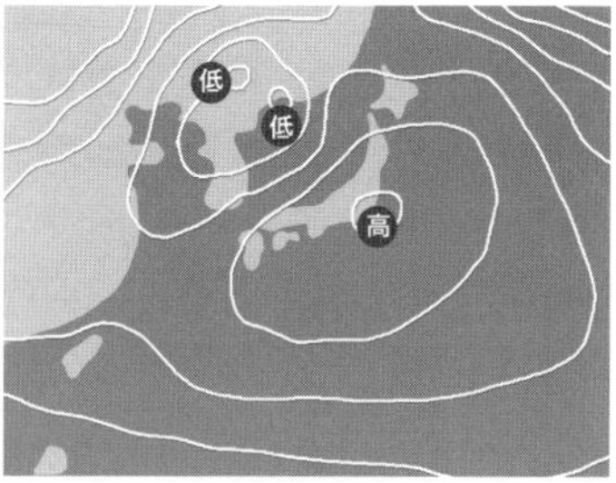

次のような理由が重なり合うことによって、秋の空が高く感じられるんじゃないかと思います。

①高いところにできる雲が主体になる

夏は対流活動が活発なので、発達した積雲系の雲ができやすいけれど、秋になって大気が比較的安定してくると、層雲系の雲が多くなってきます。いわゆる、「すじ雲」「うろこ雲」といった雲です。これらは高度10kmを超える高さにできることもあるので、空を高く感じやすくなるかもしれません。

②乾いた空気が大陸からやってくる

秋は大陸からの移動性高気圧によって、カラッと澄んだ空気を運ぶけど、夏は太平洋高気圧の影響で、空気中に水蒸気が多くて霞んでしまい、空が低く感じてしまう原因になります。

③長雨が空気中の汚れを洗い流す

秋雨前線《あきさめぜんせん》によるシトシト雨で、空気中に浮かんだチリやホコリが洗い落とされて、空気がきれいになります。とくに小粒の雨は空気の汚れをよく洗い落としてくれます。

今日のおさらい

- 空《そら》の天井《てんじょう》は、対流圏界面《たいりゅうけんかいめん》という解釈《かいしゃく》もできる
- 対流圏界面《たいりゅうけんかいめん》は、夏《なつ》が高《たか》くて冬《ふゆ》は低《ひく》くなる
- 秋《あき》は高《たか》いところに雲《くも》が多《おお》く、空気《くうき》も乾《かわ》いている

関連の授業 ➡ 5月-2　1月-5

10月 2

晴《は》れと曇《くも》りはどうやって決《き》めるの?

難易度

空《そら》に雲《くも》も太陽《たいよう》も出《で》ているときは「晴《は》れ」なのか「曇《くも》り」なのか、判断《はんだん》が微妙《びみょう》だよね。どんなふうに決《き》められているかな?

太陽《たいよう》が出《で》てれば晴《は》れなんじゃないの?

➡太陽が顔を出したかどうかで「晴れ」「曇り」を決めてしまうと、人それぞれの感じ方が違うので、天気がちょっとあいまいになってしまうよね。そこで、空全体に占める雲の量の割合(雲《うん》量《りょう》とよびます)によって、晴れや曇りを決定しているんだ。雲量は、気象台の職員の人たちが、見晴らしがよい屋上などから毎日空を見上げて観測をしているんだよ。

視界《しかい》が悪《わる》かったらどうやって観測《かんそく》するの?

➡スモッグなどで視程《してい》が悪い場合には、雲量を目視《もくし》で観測することができなくなってしまう。そういうときは「雲量不明」として報告します。

じゃあ夜間《やかん》はどうしてるの?

➡夜も観測を行っているんだよ。暗いところで闇に目をしばらく慣らしてから観測したり、星の見え具合を利用して観測したりと工夫しています。どちらにしても、熟達した観測者ができる技だね。

ちょっと一言いいかしら?

雲量の観測のお話を少々

日本では雲量を0~10の10分法という説明がありましたが、雲量10で雲がほぼ空を覆っていても、空にすき間がある場合は、完全に10でないという意味で 10^- と表わします。一方、雲量0でもほんの少しだけ雲がある場合は、0より少しあるという意味で 0^+ と表現しています。

❖ 雲量《うんりょう》と天気《てんき》の関係《かんけい》

気象庁では雲量を0～10の整数と「不明」の12段階で表わしています。

■快晴《かいせい》:雲量0～1以下

全体に占める雲の割合が1割以下で青空ということになります。

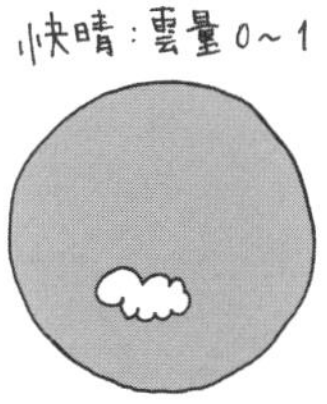

■晴れ:雲量2～8

空の8割が雲に覆われていても「晴れ」の定義になります。

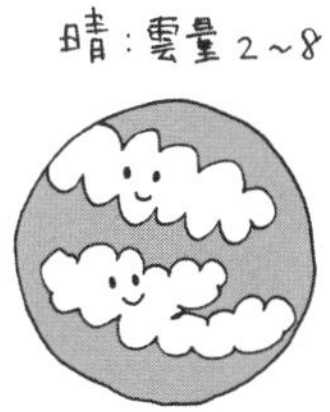

■曇り:雲量9～10

空の9割以上が雲となり、太陽がほぼ隠れてしまった状態になります。

ちなみに、濃霧などで空がまったく見えない場合には、雲と同様にみなして雲量10としています。

❖ 日本《にほん》と海外《かいがい》での雲量《うんりょう》の表《あら》わし方《かた》

気象情報を国際的に交換するために国際気象通報式《こくさいきしょうつうほうしき》というフォーマットがあるのですが、その中で、雲量は0～8の8分法《はちぶんほう》が用いられています。日本の0～10の10分法《じゅうぶんほう》と対応させると、図のようになります。

記号										
8分法(国際式)	0/8	1/8	2/8	3/8	4/8	5/8	6/8	7/8	8/8	9/8
10分法(日本式)	0	1	2,3	4	5	6	7,8	9	10	不明

今日のおさらい

- 晴《は》れと曇《くも》りは雲量《うんりょう》によって決《き》められている
- 雲量《うんりょう》が9以上《いじょう》にならないと、曇《くも》りにならない
- 雲量《うんりょう》は国際式《こくさいしき》は8分法《はちぶんほう》、日本式《にほんしき》は10分法《じゅうぶんほう》

関連の授業 ➡ 9月-2　12月-4　3月-3

10月 3

風《かぜ》の音《おと》はどうして聞《き》こえるの？

難易度

ヒューヒューと木枯《こが》らしの吹《ふ》く音《おと》は、冬《ふゆ》の訪《おとず》れを知《し》らせてくれます。
音《おと》の名前《なまえ》は「エオルス音《おん》」といいます。

エオルスってなんですか？

➡エオルスとはギリシャ神話の風の神様の名前から由来しているそうです。エオルス音の存在はずっと昔から知られていたようで、16世紀頃のヨーロッパでは、自然の風でできる渦を利用して音を奏でる「エオルスの立琴《たてごと》」という楽器が流行ったそうです（聞いてみたい！）。

ヒューヒューって音《おと》はどこから聞《き》こえてくるの？

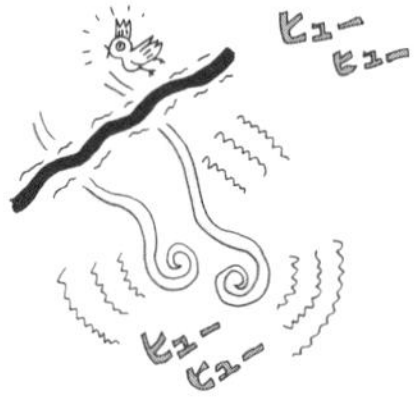

➡強い風が電線や小枝にぶつかったときに、カルマン渦という空気の渦が風下側にできることがあるんだ。この渦によって電線や小枝が震えたり、周りの空気をブルブルと震わすことで、ヒューヒューという音を奏でるんだ。

カルマン渦《うず》のエオルス音《おん》って、他《ほか》にどんな事例《じれい》があるの？

➡カルマン渦は、風速、電線などのモノの太さや形、空気のねばり具合などの条件によって、音色が違ってくるんだ。たとえば、鞭《むち》を振ったときの「ピュッ ピュッ」、バットを振ったときの「ブンッ ブンッ」、縄跳びの「ヒュン ヒュン」、これらはみんなエオルス音だよ。

ちょっと一言いいかしら?

カルマン渦による事故のお話を少々

1940年にワシントン州にあるナローズ橋というつり橋が崩壊した事故がありました。この理由は、カルマン渦による共振《きょうしん》だと考えられています。橋の柱に強風が吹きつけ、風下側にカルマン渦が発生し、その共振によって崩壊につながったようです。

今では、柱の周りにらせん状のものを取り付けることで、風の流れを不規則にして振動を抑えられることがわかっています。

カルマン渦《うず》のでき方《かた》

強い風が、電線や小枝などのモノにぶつかると、風がモノを境に分流して、図のようにできる空気の渦がカルマン渦です。この渦は風下側に二列に並んで、左右交互に逆回転しながら作られます。

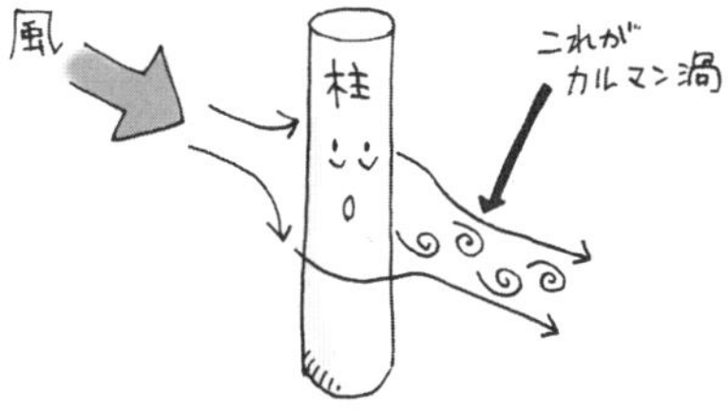

冬にエオルス音が聴こえやすいのは、葉がない小枝の方がカルマン渦を発生させやすいからです。また、鞭(ピュッ ピュッ)とバット(ブンッ ブンッ)の音からわかるように、風速が大きければ音は高くなります。

スケールの大《おお》きなカルマン渦《うず》の事例《じれい》

冬に気象衛星画像を見ていると、季節風により寒気の吹き出しが強い日には、済州島《チェジュとう》の風下側に二列のカルマン渦ができることが知られています。

この渦は、主に層積雲とよばれる高度2km程の下層にできるもので、渦の直径は20 ～ 40kmぐらいになります。

今日のおさらい

- 鞭《むち》、バット、縄跳《なわと》びの音《おと》は、風《かぜ》の音《おと》と同《おな》じ原理《げんり》
- エオルス音《おと》は、カルマン渦《うず》が周囲《しゅうい》を震《ふる》わせて発生《はっせい》する
- カルマン渦《うず》は二列《にれつ》に渦《うず》が交互《こうご》に並《なら》ぶ

関連の授業 ➡ 4月-4　6月-5

10月
4

天気《てんき》のことわざってあたるの？

難易度

コンピュータも天気図《てんきず》もなかった時代《じだい》、生活《せいかつ》の経験《けいけん》から天気《てんき》を予想《よそう》して、ことわざなどで伝承《でんしょう》してきました。天気俚諺《てんきりげん》ともよばれています。

観天望気《かんてんぼうき》と天気俚諺《てんきりげん》は同《おな》じことかな？

➡ほとんど一緒の意味で使われることが多いけれど、観天望気とは、雲の形や動き、風向きなどを観察したり、動物の行動などをもとに天気を予想することをいいます。天気俚諺は、観天望気の経験則を、ことわざ的に表わしたものだね。

どのくらい当《あ》たるの？

➡う～ん・・・あたるものもあれば、よくわかってないものもあると思います。たとえば「太陽や月にかさができると雨」ということわざは、長い間の経験則から生まれたもので、これは気象学的にちゃんと説明がつきます。逆に「猫が顔を洗うと雨」は、当たるも八卦《はっけ》、当たらぬも八卦・・・な気がするな。

どんなことわざがあるの？

➡天気のことわざの中には、よく理由がわからないものもあるけれど、気象学的に説明がついて、普段の生活で使えるものもたくさんあるんだよ。その中のいくつかを、コメントを入れて紹介してみたいと思います。

ちょっと一言いいかしら？

気象病のお話を少々

気圧や湿度、気温の変化が体調に及ぼす研究を「生気象学《せいきしょうがく》」といいますが、「古傷が痛むと雨」「頭痛や神経痛は雨の前ぶれ」など、天候変化と体調不良の関係を伝承したことわざもたくさんあり、観天望気は気象病と深い関係があるといわれています。気管支喘息、神経痛、リュウマチ、頭痛などは、気象病の代表例です。

ツバメが低《ひく》く飛《と》ぶと雨《あめ》

雨雲が近づくと、空気中の水蒸気の量が多くなるので、小さな虫は体や羽が湿って重くなり、高く飛べなくなります。すると、それをエサとするツバメが虫を捕ろうとして低く飛び始めると考えられます。

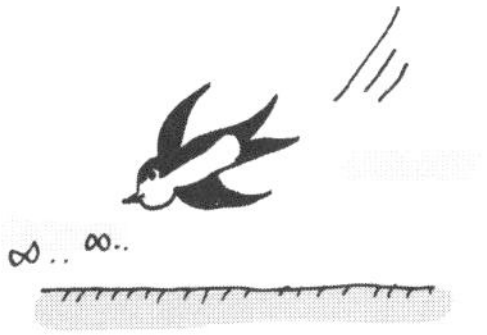

富士山《ふじさん》にかさがかかると雨《あめ》

かさ雲は、昔の編笠のような形をしています。この雲は、南から暖かく湿った空気が富士山にぶつかって上昇し、山頂で冷やされてできます。この雲ができるときは、近くに雨雲がやってきていることが多く、やがて雨が降り出すことが多いと考えられます。

カエルが鳴《な》くと雨《あめ》

動物のことわざはたくさんあるけれど、中でもこれは有名だね。カエルの皮膚は、気温や湿度を敏感に感じ取るため、雨雲が近づいて空気が湿ってくると「ケロケロ」と鳴き始めると考えられます。でもちゃんと調べた人はいないので、本当のところはわかりません。

飛行機雲《ひこうきぐも》ができると雨《あめ》

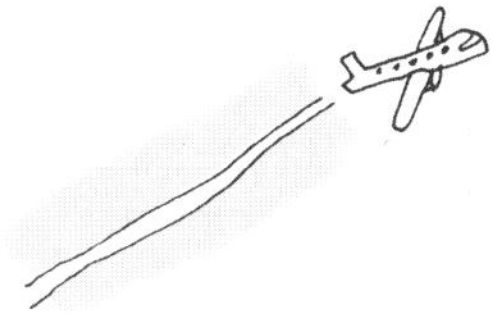

飛行機雲のでき方は、前に説明したね。
飛行機雲は、周りの空気が乾燥しているとすぐに消えてしまいます。飛行機雲が長く消えないでいるときは、湿った空気が上空に入ってきている証拠なので、天気はしだいに悪くなることが多いと考えられます。

星《ほし》がチラチラ輝《かがや》くと雨《あめ》

チラチラと輝くのは、暖かい空気と冷たい空気の層の中で、星の光が屈折《くっせつ》することが原因です。だからこういうときには、雨雲が近づいていることが多く、天気は悪くなることが多いと考えられます。
でも、星はいつも少しはチラチラしているから、普段から星をよく観察していないと、わからないかもしれないね。

猫《ねこ》が顔《かお》を洗《あら》うと雨《あめ》

これも本当かどうか、よくわかっていません。でも、晴れの日が続くと空気が乾燥するので、猫の目や鼻が乾いて、顔を洗って水気を与えるという説もあるようです。晴れが続いたから、そろそろ雨が降るだろう・・・という意味のようですが、今度僕もよく観察してみたいです。

遠《とお》くの音《おと》が聞《き》こえると雨《あめ》

音は気温が低い方向へ曲がって伝わる性質があります。低気圧が近づいて上空に暖かい空気が入ってくると、音は上層ではね返って地上に戻ってくることもあり、遠くの音が聞こえやすくなる場合があると考えられます。

太陽《たいよう》や月《つき》にかさができると雨《あめ》

この「かさ」とは、太陽や月の周りにできる丸い光の輪のことをいいます。このかさは、巻層雲という氷の粒でできた薄い雲に、太陽や月の光が反射したり屈折《くっせつ》したりすることで現われます。
巻層雲は天気が悪くなる前に現われることが多いので、雨が降る前触れと考えられます。

夕焼《ゆうや》けの次《つぎ》の日《ひ》は晴《は》れ

夕焼けは西の空が晴れているときにきれいに見えます。日本の天気は、西から東に移動するので、次の日が晴れると予想することができます。でも、季節や地方によっては、東から西に天気が移動する場合もあるので、ことわざの適中《てきちゅう》は、地方や時期限定となるかもしれないね。

トビが高《たか》く飛《と》ぶと晴《は》れ

トビは上昇《じょうしょう》気流《きりゅう》をうまく利用して、羽ばたかなくても上空をグルグルと飛ぶことができます。天気がよい日には、地上の空気が暖まって上昇気流が強まるので、トビが高いところを飛ぶと考えられます。逆に、天気が悪くなりはじめると、上昇気流が弱まって、上空の空気も乱れてくるので、低いところを飛ぶと考えられます。

❖ アリが巣穴《すあな》をふさぐと雨《あめ》

雨が降って巣に水が入るのを防ぐために、アリは事前に巣の穴にフタをするといわれているようです。でも、このことわざも詳しく調べた人もいなく、科学的根拠も乏しいようです。

天気が悪くなると、風が吹いて巣が壊れたり、ゴミが巣穴につまることはあるかもしれないけど・・・。

❖ 朝霧《あさぎり》があると晴《は》れ

霧ができる原因はいくつかあるけれど、朝方に盆地などで発生する放射霧《ほうしゃぎり》は、このことわざに当てはまりそうです。放射霧は、夜間、天気がいいと、地上の空気が冷えてできる霧です。だから、風が強かったり曇ったりと天気が悪いと発生しにくくなります。

❖ ひつじ雲《ぐも》ができると雨《あめ》

ひつじ雲は、高積雲《こうせきうん》とよばれる雲のことで、この雲は低気圧に伴う前線に沿って、最初のほうにできる特徴があります。このひつじ雲が現われて半日くらい経つと、雨雲がやってきて雨が降り出すことが多くなります。

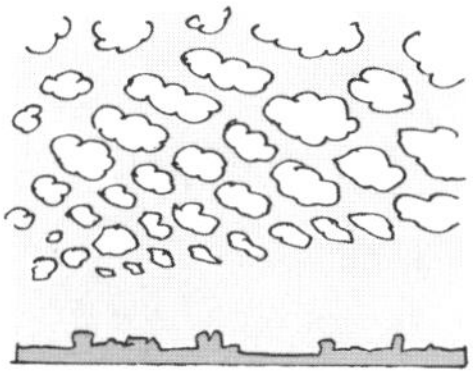

❖ 朝《あさ》に虹《にじ》ができると雨《あめ》

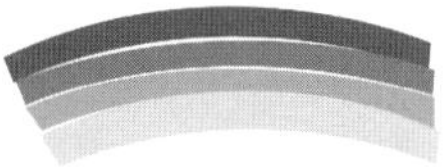

虹は必ず太陽の反対側の空に現われ、虹ができる側には、たくさんの水滴が浮かんでいる必要があると説明したね。朝虹は、水滴が浮かんでいる西の空にできるけど、天気は西から東に移動するので、西の空に浮かんだ水滴がやがてやってきて雨が降り出すと考えられたようです。

今日のおさらい

- **天気《てんき》のことわざは、国《くに》や地方《ちほう》によって独自《どくじ》の伝承《でんしょう》がたくさんある**
- **天気《てんき》のことわざは、天気俚諺《てんきりげん》や観天望気《かんてんぼうき》ともいう**
- **気管支喘息《きかんしぜんそく》、神経痛《しんけいつう》、リュウマチは気象病《きしょうびょう》の代表例《だいひょうれい》**

関連の授業 ➡ 4月-3　5月-2　11月-3　1月-2　2月-4　3月-4

10月
5

竜巻《たつまき》はどうしておきるの?

難易度

竜巻《たつまき》が発生《はっせい》する原因《げんいん》は、まだ完全《かんぜん》に解明《かいめい》されていないんだ。日本《にほん》では年間《ねんかん》約《やく》20個《こ》の竜巻《たつまき》が発生《はっせい》して、沖縄《おきなわ》や鹿児島《かごしま》などで多《おお》く観測《かんそく》されています。

竜巻《たつまき》とつむじ風《かぜ》は違《ちが》うの?

➡校庭や空き地で、木の葉や砂が渦になって巻き上げられることがあるけれど、これはつむじ風とよばれるもので、竜巻とは違う現象です。つむじ風は、気象用語では塵旋風《じんせんぷう》といって、晴れた日に地面付近の空気が暖まって、上昇気流が渦を巻くことで発生しています。竜巻ほどの力はないけれど、運動会のテントを飛ばしたりするのであなどってはだめだね。

竜巻《たつまき》と台風《たいふう》は違《ちが》うの?

➡台風が近づくと竜巻が発生することがあるけれど、台風は熱帯低気圧で、竜巻は局所的な渦なので2つの現象は原因も違う別物です。スケールを比べると、竜巻は規模も移動距離も小さいけれど、風の強さは台風よりもずっと強いんだよ。

竜巻《たつまき》の回転《かいてん》は右巻《みぎま》き?　左巻《ひだりま》き?

➡台風や低気圧は、コリオリ力という地球の自転の影響を受けるので、北半球では左巻きに渦を作ります。でも、トイレやお風呂の水を流すときにできる渦は、規模がとても小さいのでコリオリ力の影響をほとんど受けずに、渦がどっちに巻くかはそのときの運まかせです。竜巻もコリオリ力の影響を強く受けるほど規模が大きくないので、そのときの風の流れなどの条件しだいで、右巻きでも左巻きでも発生します。

竜巻《たつまき》の上空《じょうくう》には必《かなら》ず親雲《おやぐも》がいる

竜巻が発生する上空には、必ず親雲がいます。晴れた日にできるつむじ風（塵旋風《じんせんぷう》）と違う点です。

親雲から細く渦を巻いた雲が垂れさがってきて、やがてそれが地上に届くと、強い上昇気流と回転する力で渦を生んで、竜巻になっていきます。

親雲は、夕立ちなどをもたらす黒くて厚い雲で、積乱雲とよばれるものです。

竜巻《たつまき》の発生時期《はっせいじき》と場所《ばしょ》

竜巻は親雲の積乱雲ができやすい状況で発生することが多いので、台風シーズンの大気が不安定になる８～10月にかけ発生数が多くなっています。

発生する場所は日本全国どこでも発生しているけど、沿岸部で多く、県別では沖縄や鹿児島などで多い傾向です。

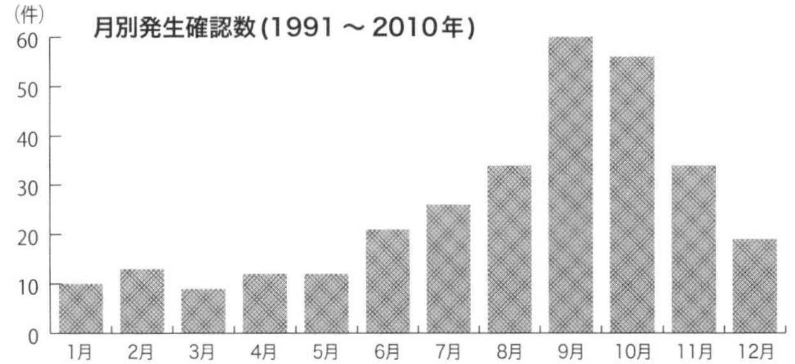

ちょっと一言いいかしら？

怪雨のお話を少々

空からカエルや魚、昆虫などが降ってくる現象を「怪雨《かいう》」といいます。これは超常現象というわけではなく、竜巻などによる強い上昇気流で、地表や海面からカエルや魚が吸い上げられて、雨に混じって地上に降ってくるものです。海外では日本に比べて大型の竜巻が発生することが多いので、怪雨の予測を気象機関が発表することもあるようです。

❖ 竜巻《たつまき》の激《はげ》しさを表《あら》わす「藤田《ふじた》スケール」

竜巻の激しさを表わす基準があります。アメリカで竜巻を研究していた藤田《ふじた》哲《てつ》也《や》博士が、竜巻の被害状況からF0～F5までの6段階の基準を定めました。今では世界中で利用される国際的な基準となっているんだ。Fは藤田博士の頭文字で、Fスケール(藤田スケール)とよばれています。

ちなみに、アメリカではF5の竜巻が確認されているけど、日本では最大でF3に留まっています。

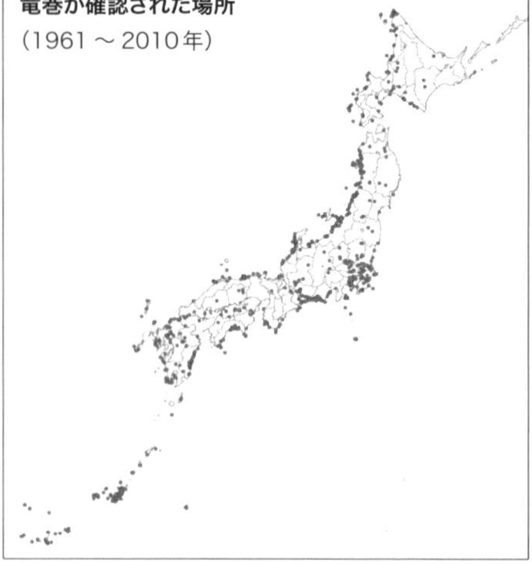
竜巻が確認された場所
(1961～2010年)

スケール	F0	F1	F2	F3	F4	F5
家の被害	被害が小さい 	瓦が飛んでガラスが割れる 	屋根がはがれる 	家が倒れる 	バラバラになってあたりに飛散する 	跡形もなく吹き飛ばされる 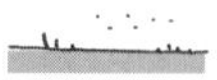

今日のおさらい

- 竜巻《たつまき》はコリオリ力の影響《えいきょう》を受《う》けず、回転《かいてん》は右巻《みぎま》きでも左巻《ひだりま》きでもおきる
- 竜巻《たつまき》が発生《はっせい》する上空《じょうくう》には必《かなら》ず親雲《おやぐも》がいる
- 竜巻《たつまき》の激《はげ》しさを表《あら》わすFスケール。日本《にほん》の発生《はっせい》はF3まで

関連の授業 ➡ 5月-3　8月-4

11月

11月7日頃を立冬《りっとう》といい、暦の上では冬がはじまるよ

東京で木枯らし1号が吹く頃だなぁ

11月 1

秋《あき》なのに小春日和《こはるびより》ってどうして？

難易度

「小春日和《こはるびより》」は、「小春《こはる》」とあるだけに春《はる》の季節《きせつ》と勘違《かんちが》いしがちです。正《ただ》しくは「晩秋《ばんしゅう》〜初冬《しょとう》にかけて」が正解《せいかい》です。

秋《あき》なのにどうして「小春《こはる》」なの？

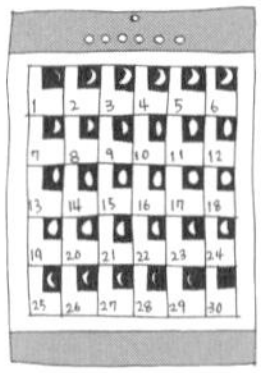

➡昔は「太陰暦《たいいんれき》（旧暦《きゅうれき》）」といって、月の満ち欠けの周期をもとにカレンダーを使っていました。その太陰暦では10月の別名を「小春」とよんでいたことが、秋なのに「小春」のルーツです。ちなみに現在僕たちが使っているカレンダーは、「太陽暦《たいようれき》（新暦《しんれき》）」といって、地球が太陽の周りを回る周期をもとに作られたものです。「太陰暦」と「太陽暦」にはズレがあるので、太陰暦の10月は、太陽暦に置き換えると11月初旬〜 12月初旬になるわけです。

では「日和《ひより》」ってなんですか？

➡「日和」とは空模様のことをさしていて、穏やかなよい天気という意味になります。「今日は○○○日和だね〜」なんていうときの、あの日和です。

ということは、小春日和《こはるびより》はいつも使《つか》えるわけじゃないんだね？

➡そのとおりだね。小春日和は11月初旬〜 12月初旬ごろに、春のように穏やかな天気になったときに使える、期間限定の旬な言葉なんです。

ちょっと一言いいかしら？

日本の暦の歴史のお話を少々

日本はずっと太陰暦（正確には太陽太陰暦）を生活に取り入れてきましたが、太陽暦に切り替わったのは明治になってからです（意外と最近）。

当時の明治政府から、「明治5年12月3日をもって明治6年1月1日となす」と布告があり、このときをもって太陽暦になったそうです。そうすると、明治5年12月の日数は2日しかなかったことになり、12月に入って早々、いきなり正月がやってきたことになるので、当時の混乱が想像できますね。

晩秋《ばんしゅう》〜初冬《しょとう》にかけての天気図《てんきず》パターン

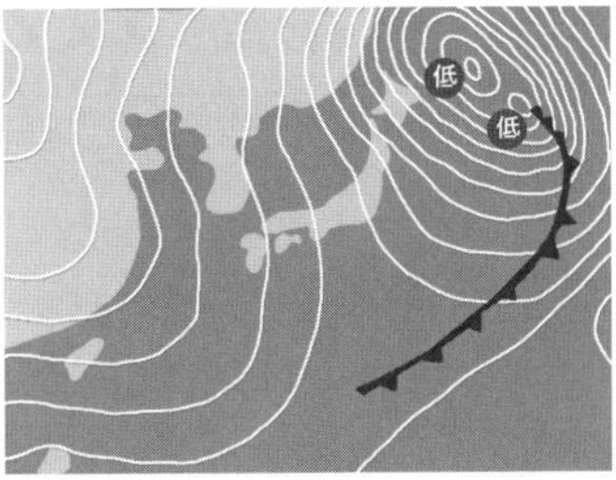

この時期になると、いわゆる冬の典型的な西高東低《せいこうとうてい》の気圧配置が多く見られるようになります。等圧線が込み合って縦じま模様になっているのは、大陸からの北西の冷たい季節風が強く吹くことを表わしています。いわゆる「冬型気圧配置」というパターンだね。

小春日和《こはるびより》の天気図《てんきず》パターン

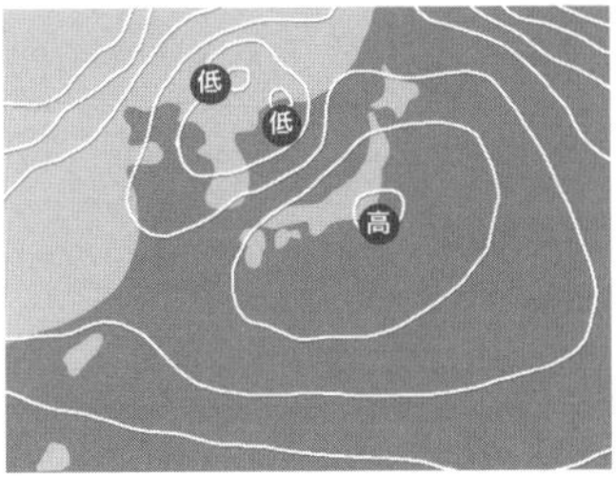

本格的な冬が訪れるまでは、冬型気圧配置が長く続くことは少なく、大陸からカラッと乾いた移動性高気圧がやってきて、右図のような気圧配置になることがあります。このときポカポカとした小春日和が数日続くことになります。この時期の「移動性高気圧」は、小春日和のキーワードだと覚えておくといいですよ。

外国《がいこく》での小春日和《こはるびより》

日本と同じ中緯度地帯にある他の国々でも、この時期の同じような陽気をどのように呼んでいるかを紹介したいと思います。
面白いのはいずれも「夏」と表現されていることです。その理由は、海外の夏は日本の夏と比べて、カラッと晴れることが多いので、穏やかで心地よい日和の例えを「夏」で表現するものと思われます。

今日のおさらい

- 小春《こはる》とは旧暦《きゅうれき》10月《がつ》の別名《べつめい》
- 秋《あき》の「移動性高気圧《いどうせいこうきあつ》に覆《おお》われます」は、小春日和《こはるびより》のキーワード
- 海外《かいがい》では、小春日和《こはるびより》を「夏《なつ》」で表現《ひょうげん》する

関連の授業 ➡ 6月-2　10月-1

11月
2

結露《けつろ》ってどうしてできるの？

難易度

冬《ふゆ》の窓《まど》ガラスについた水滴《すいてき》や、冷《ひ》えたビールジョッキにつく水滴《すいてき》はいずれも結露《けつろ》です。これらの共通点《きょうつうてん》は、暖《あたた》かい空気《くうき》が冷《ひや》やされることです。

湿度《しつど》と結露《けつろ》の関係《かんけい》は？

➡日常生活で「湿度」を用いる場合には、「%」で表わす「相対湿度《そうたいしつど》」を使っています。どうして「%」で表わすかというと、空気が含むことのできる水蒸気の量は、温度によって決まっているので、同じ湿度100%でも、「暖かい空気」と「冷たい空気」では含んだ水蒸気量がまったく違ってくるからです。

「暖《あたた》かい空気《くうき》」と「冷《つめ》たい空気《くうき》」、水蒸気《すいじょうき》を多《おお》く含《ふく》むのはどっち？

➡空気が含むことができる水蒸気の最大限度量を「飽和《ほうわ》水蒸気《すいじょうき》量《りょう》」といいますが、「暖かい空気」は「冷たい空気」よりも、飽和水蒸気量が大きくなります。北側の部屋の押入れや窓のサッシに、結露でカビが生えてしまうのは、水蒸気自体が家の中で均一でも、冷たい部屋の飽和水蒸気量が小さいために現われた結果なんだ。

飽和《ほうわ》するときの温度《おんど》は何度《なんど》？

➡空気中に含まれる水蒸気が飽和に達したときの温度を露点《ろてん》といいます。「暖かい空気」と「冷たい空気」は含める水蒸気量が違うので、露点は空気の温度の高低とは関係がなく、空気中に含まれる水蒸気の量が多いほど、露点は高くなります。

ちょっと一言いいかしら？

2種類の湿度の尺度のお話を少々

相対湿度は空気中に含まれる水蒸気の割合を表わすもので、電車で例えると、相対湿度50%＝乗車率50%となります。
一方、絶対湿度は空気中に含まれる水蒸気の量を表わします。絶対湿度50kｇ＝乗客数50人という意味合いです。絶対湿度では、乗客数はわかっても、混んでるのか空いてるのか判断ができません。

❖ 飽和《ほうわ》水蒸気量《すいじょうきりょう》と水蒸気《すいじょうき》の関係《かんけい》

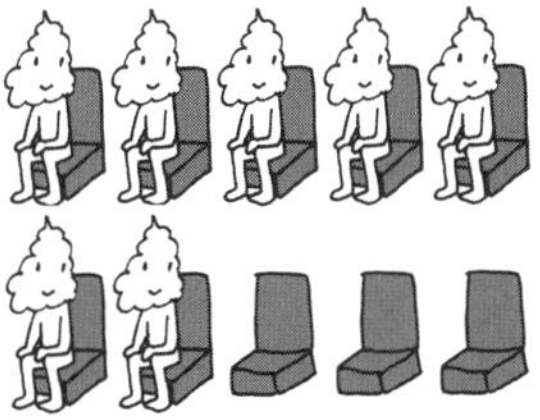

飽和水蒸気量とは、空気が含むことができる水蒸気の最大限度量だと説明したね。
これを電車に例えて考えてみよう。
定員10席の電車があったとします。このとき、

・電車＝空気
・座席数＝飽和水蒸気量
・乗客＝水蒸気
・乗車率＝相対湿度

と置き換えてみましょう。現在は7つの乗客（水蒸気）が座っていて、座席は3つ余っていますね。

❖ 飽和《ほうわ》水蒸気量《すいじょうきりょう》が小《ちい》さくなって飽和《ほうわ》する

この電車（空気）は、気温が上がると座席数（飽和水蒸気量）が増えて、下がると減ってしまうルールがあります。さて、気温が下がって、当初10席あった座席数（飽和水蒸気量）が、7席に減ってしまいました。乗客（水蒸気）の数は変わらないから、満席となりましたね。これを飽和したといい、乗車率（相対湿度）100%の状態です。

❖ 水蒸気《すいじょうき》が凝結《ぎょうけつ》して水滴《すいてき》に変《か》わる

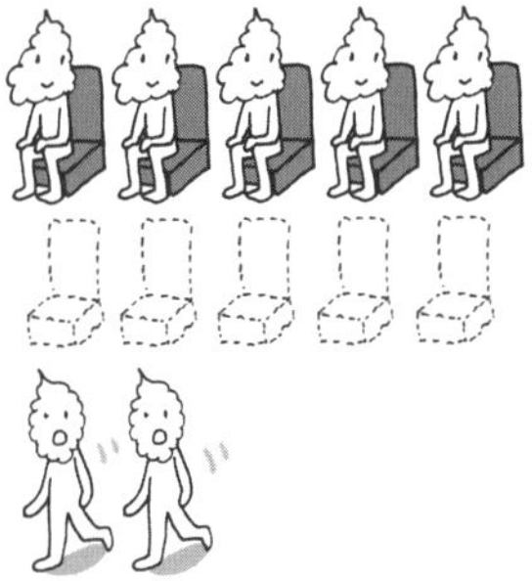

さらに気温が下がり、座席数（飽和水蒸気量）が5席に減りました。乗客（水蒸気）2人が座席に座ることができなくなりました。定員オーバーになった乗客（水蒸気）は、凝結して水滴に変わるので、僕たちの目に見える状態になります。それが結露の正体です。

今日のおさらい

- 「暖《あたた》かい空気《くうき》」は「冷《つめ》たい空気《くうき》」よりも、飽和水蒸気量《ほうわすいじょうきりょう》が大《おお》きい
- 飽和状態《ほうわじょうたい》に達《たっ》したときの温度《おんど》を露点《ろてん》という
- 温度《おんど》が露点《ろてん》より下《さ》がると、余《あま》った水蒸気《すいじょうき》が凝結《ぎょうけつ》して水滴《すいてき》に変《か》わる

関連の授業 ➡ 4月-3　11月-5

11月 3

放射冷却《ほうしゃれいきゃく》ってなに?

難易度

朝晩《あさばん》冷《ひ》える季節《きせつ》になると、「放射冷却《ほうしゃれいきゃく》で冷《ひ》え込《こ》むでしょう」と耳《みみ》にしますね。放射冷却《ほうしゃれいきゃく》の仕組《しく》みは、「放射《ほうしゃ》」と「冷却《れいきゃく》」に分《わ》けて考《かんが》えるとわかりやすい。

放射《ほうしゃ》ってなに?

➡放射とは熱の移動方法の1つなんだ。身近な例では、焚き火の熱が放射によって移動します。焚き火に向いている顔や手が暖かく感じるのは、焚き火から四方八方に放射されたエネルギーを吸収しているためです。だから風がなくても熱を感じることができます。

エネルギーの正体《しょうたい》はなに?

➡目には見えないけど、地球上のすべての物質は電磁波というエネルギーを放射しています。ただ、物質によって放射の量が違うんだ。「すべての物質」には、人間も含まれ、人体が放射する電磁波を可視化《かしか》したのがサーモグラフィーの画像です。

放射冷却《ほうしゃれいきゃく》による被害《ひがい》ってあるの?

➡放射冷却で気温が下がると霜《しも》が降りて農作物にダメージを与える場合があるんだ。農作物の葉や新芽を凍死させてしまう凍霜害《とうそうがい》は、全国的には4～5月に多く発生し、その被害額は台風を上回ることもあるようです。

ちょっと一言いいかしら?

伝導と対流のお話を少々

熱の移動方法には、「放射」のほかに「伝導」と「対流」があります。

■伝導

金属に手を触れたときに冷たいと感じるのは、手の熱が金属に伝導したことが理由です。

■対流

味噌汁を温めると、表面の冷えた部分との温度差で、モヤモヤと味噌が上がってくる現象は、味噌汁の中で熱の対流が起きているためです。

放射冷却《ほうしゃれいきゃく》がおきる理由《りゆう》

①昼間の状態

地表面が吸収している「太陽の放射」と、放出している「地表面の放射」が、熱収支《ねつしゅうし》の温度バランスを保っている状態が昼間です。

「太陽の放射」－「地表面の放射」＝地表面の温度

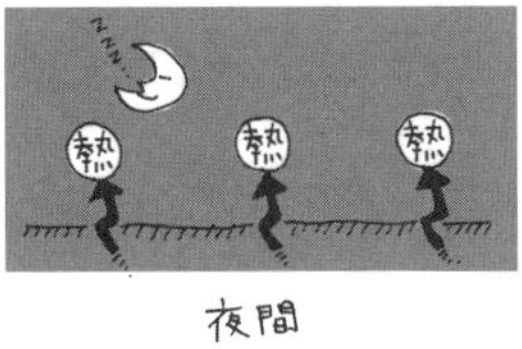

②夜間から朝方の状態

「太陽の放射」は太陽が沈んだ夜間にはゼロになってしまうけど、「地表面の放射」は昼夜問わず続いているんだ。だから夜間から朝方にかけて冷却が起きやすくなるわけです。

ちなみに「地表面の放射」による熱は、最終的には宇宙空間へ出て行ってしまいます。

放射冷却《ほうしゃれいきゃく》が弱《よわ》まるパターン

曇った夜間は、放射冷却によって気温が下がりにくくなります。これは、「地表面の放射」を雲が一度吸収して、再び地面に向かって放射するため、地表面が冷却しにくくなるからです。

「雲の放射」－「地表面の放射」＝地表面の温度

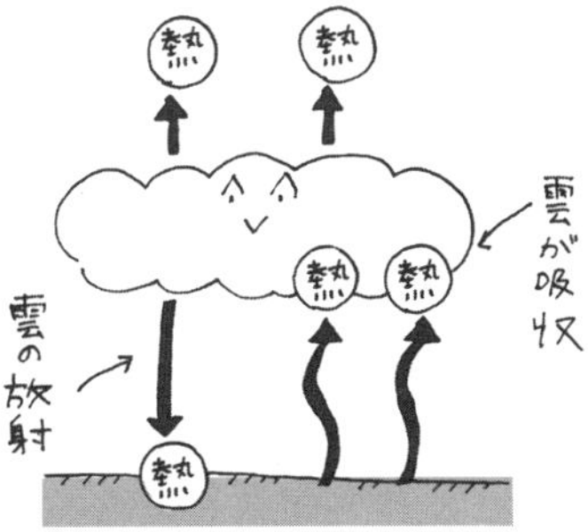

また、風が強いと空気がかき混ざるので、地表面に冷えた空気が溜まりにくく、冷却しにくくなります。

今日のおさらい

- **熱《ねつ》の移動方法《いどうほうほう》には、放射《ほうしゃ》、伝導《でんどう》、対流《たいりゅう》の3つがある**
- **「太陽《たいよう》の放射《ほうしゃ》」と「地表面《ちひょうめん》の放射《ほうしゃ》」の熱収支《ねつしゅうし》が地表面《ちひょうめん》の温度《おんど》**
- **よく晴《は》れた夜間《やかん》は、放射冷却《ほうしゃれいきゃく》がおきやすい**

関連の授業 ➡ 4月-3　10月-4

11月
4

アメダスのことを教《おし》えて?

難易度

昔、「アメダスによると･･･」と放送したら、『「雨だす」とは何ごとか! きちんと「雨です」といいなさい』という苦情が寄せられたとか･･･

アメダスって、雨《あめ》を観測《かんそく》するシステムだよね?

➡アメダス(AMeDAS)とは「**A**utomated **Me**teorological **D**ata **A**cquisition **S**ystem」の略で、自動で気象観測を行うシステムのことです。観測しているのは雨(降水量《こうすいりょう》)のほかに、気温《きおん》、風向《ふうこう》・風速《ふうそく》、日照時間《にっしょうじかん》があります。雪の多い地方では積雪《せきせつ》の深さも観測しているよ。

全国《ぜんこく》にどのくらい設置《せっち》されているの?

➡全国に約1,300ヶ所が設置されています。平均すると、約17kmごとにアメダスが設置されていることになります。そのうち、約850ヶ所では降水量、気温、風向・風速、日照時間の観測を行っています。この4つをアメダスの四要素といいます。

見《み》かけないな～。アメダスってどこに設置《せっち》されているの?

➡露場《つゆば》とよばれる柵《さく》などで仕切られた場所に設置されています。露場は芝生などが敷かれ、日射の照り返しや雨の跳ね返りを少なくするようにできています。昔は、アメダス設置場所はマル秘情報だったようだけど、今は気象庁のホームページで所在地、緯度経度、標高などの情報を閲覧《えつらん》できます。

ちょっと一言いいかしら?

アメダスの名前の由来のお話を少々

アメダスは英語の頭文字の略称でしたが、「雨ダス」とは何ごとか!と誤解を招くほど、雨に引っ掛けた名称だと思うよね?実は当初、アメダスは**A**utomatic **M**eteorological **D**ata **A**cquisition **S**ystemで、AMDASだったようです。でも、Meteorological のMをMeまで取れば, AMeDAS(雨出す)になってわかりやすくない?ということで決まったようです。現在はAutomaticがAutomatedに変更されましたが、アメダスの呼び方はそのままですね。

❖ 観測《かんそく》の方法《ほうほう》　～降水量《こうすいりょう》～

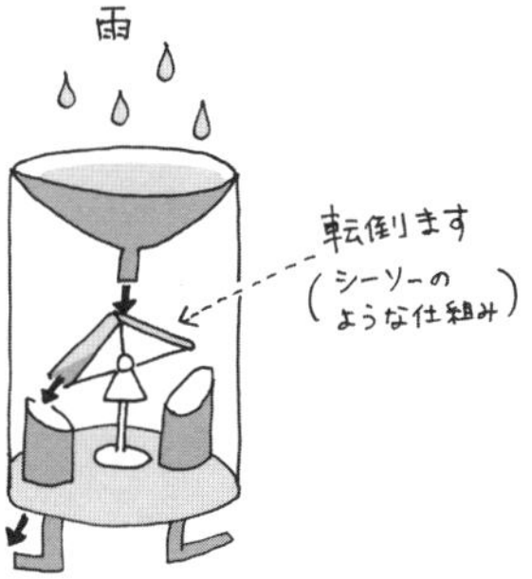

雨は「転倒《てんとう》ます型雨量計」といって、シーソーのような仕組みで測っているんだ。
雨量計に降った雨は、中にある三角形のマスに溜まっていきます。マスがいっぱいになると転倒して溜まった雨を外に流し、今度はもう一方のマスに雨を溜めていく・・・ことを繰り返していきます。ひとマスは0.5mmで、マスが転倒した回数をカウントすることで雨量がわかるようになっています。
ちなみに雨量計にはヒーターが付いているので、雪は溶かして雨に換算して観測することができるようになっているんだよ。

❖ 観測《かんそく》の方法《ほうほう》　～気温《きおん》・風向風速《ふうこうふうそく》・日照時間《にっしょうじかん》・積雪深《せきせつしん》～

図をご覧ください。これが露場です。真ん中の高く伸びた支柱の途中にあるのが温度湿度計です。風通りがよくて直射日光が当たらない地上1.5ｍの高さに設置します。

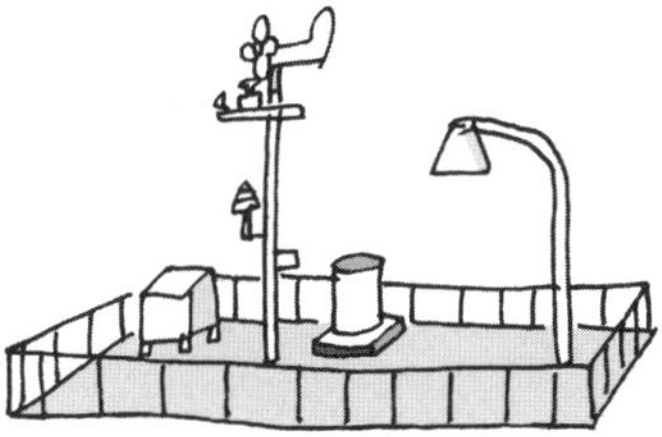

その上にあるのが風向風速計と日照計です。風向風速計は風見鶏のようにクルクル向きを変えることで風向を、プロペラの回転数から風速を観測できます。
日照計は日照した時間を10分単位で観測します。
一番右側の外灯のようなものは積雪計です。超音波《ちょうおんぱ》式《しき》とレーザー光で計測する光電式《こうでんしき》の２種類があります。

❖ 気象業務法《きしょうぎょうむほう》とアメダス

気象業務法という法律があり、そこにはアメダスに関する記載もあります。たとえば公共的な気象観測を行う測器は、気象測器検定に合格したものでなければいけません。もちろん個人が趣味などで行う場合には大丈夫です。
また、測器にいたずらしたり壊した場合は、３年以下の懲役《ちょうえき》または100万円以下の罰金刑《ばっきんけい》に処せられてしまいます。

今日のおさらい

- アメダスは降水量《こうすいりょう》、気温《きおん》、風向《ふうこう》・風速《ふうそく》、日照時間《にっしょうじかん》、積雪《せきせつ》の深《ふか》さも観測《かんそく》
- 全国約《ぜんこくやく》1,300ヶ所《かしょ》に設置《せっち》。そのうち約《やく》850ヶ所《かしょ》では四要素《よんようそ》を観測《かんそく》
- もし近所《きんじょ》にアメダスが設置《せっち》されていても、いたずらしちゃダメダス

関連の授業 ➡ 6月-1　3月-5

11月
5

フェーン現象《げんしょう》ってどういう現象《げんしょう》?

難易度

湿《しめ》った空気《くうき》が山《やま》を超《こ》えるとき、風下側《かざしもがわ》で空気《くうき》が乾燥《かんそう》して気温《きおん》が上昇《じょうしょう》する現《げん》象《しょう》をフェーン現象《げんしょう》とよびます。

フェーンって何《なん》ですか?

➡「フェーン」とは、もともとはアルプス山脈を超えて、スイスやオーストリアなどの風下側に吹く高温で乾燥した風の名前のことでした。でも今では、世界中の同じような現象を「フェーン現象」ってよんでいますね。

空気《くうき》は上昇《じょうしょう》すると熱《ねつ》を失《うしな》うのよね?

➡そうだね。空気は、上昇すると気圧が下がるので、膨らんで熱を失う性質をもっていると以前に話したね。このときの気温の下がり具合(気温減率)は、乾燥した空気の「乾燥断熱減率《かんそうだんねつげんりつ》」と、湿った空気の「湿潤断熱減率《しつじゅんだんねつげんりつ》」の2種類があるんだ。この2つの気温減率の違いが、フェーン現象をひも解くポイントになります。

「赤城《あかぎ》おろし」や「六甲《ろっこう》おろし」もフェーン現象《げんしょう》かな?

➡局地風とよばれる地域限定で吹く風があります。これらの風はフェーン現象と同じ仕組みなんだけど、たとえば「赤城《あかぎ》おろし」「六甲《ろっこう》おろし」などの局地風はフェーン現象とはよばずに「ボラ」といいます。ボラは、山越えによって空気の温度が上がっても、もともと風上側の吹く風が冷たすぎるので、相対的に麓《ふもと》の気温が下がってしまう現象をいいます。

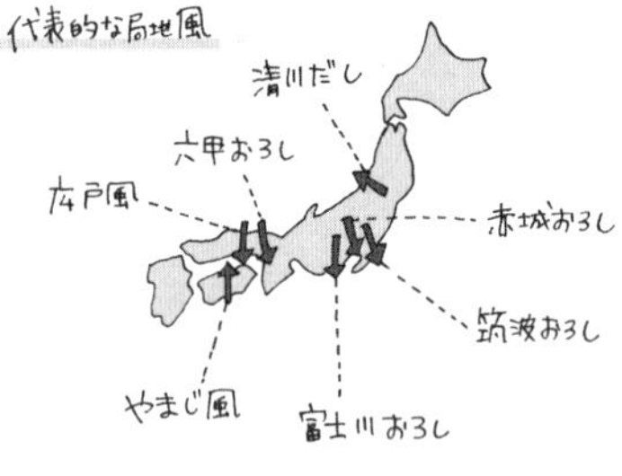

❖ フェーン現象《げんしょう》で気温《きおん》が上昇《じょうしょう》する仕組《しく》み

3000mの山を20℃の空気が超える場合を、図に簡略化してみました。

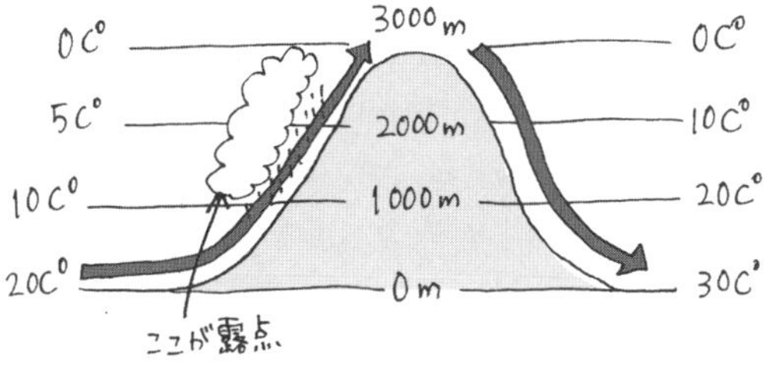

①乾燥断熱減率《かんそうだんねつげんりつ》で気温が下がる

風上側で20℃の空気が山にぶつかって上昇するとします。

上昇すると空気は膨らみながら熱を失っていくと説明したよね。このとき、周りと熱のやり取りがない(断熱)ことを前提とすると、湿度100%(露点《ろてん》)になるまで乾燥断熱減率の100mで1℃の割合で気温が下がっていきます。

1000mでの空気の温度=20℃−1℃×(1000m÷100m)=10℃

②湿潤断熱減率《しつじゅんだんねつげんりつ》で気温が下がる

乾燥断熱減率で気温が下がっていくと、やがて露点に達します。図では1000mで露点となり雲ができています。

雲ができるとき、すなわち水蒸気が水滴に変わるときには潜熱《せんねつ》という熱が放出されるので、1000m以上の気温減率は100mで約0.5℃ぐらいの湿潤断熱減率に切り替わります。

3000mでの空気の温度=10℃−0.5℃×((3000−1000m)÷100m)=0℃

③乾燥断熱減率《かんそうだんねつげんりつ》で気温が上がる

できた雲が風上側ですべて降水となったとすると、空気は乾燥して乾燥断熱減率で山を下降していきます。

0mでの空気の温度=0℃+1℃×(3000m÷100m)=30℃

このように、風上側で20℃だった空気は、山越え後の風下側では30℃となり、10℃も気温が上昇したことになります。しかも水蒸気は雲から降水となってしまったので、空気は乾燥しているわけです。

ちょっと一言いいかしら?

日本の最高気温の記録のお話を少々

2007年8月16日に岐阜県多治見市と埼玉県熊谷市で40.9℃が記録されるまでは、日本でもっとも高い気温の観測記録は山形県山形市でした。東北地方で?と不思議に思うかもしれませんが、この記録の原因は、太平洋側から吹いた湿潤な風が奥羽山脈を超えるときに発生したフェーン現象によるものでした。ちなみに熊谷市の記録も、秩父山脈を超える北西風によるフェーン現象が原因でした。

❖ 飽和《ほうわ》水蒸気量《すいじょうきりょう》と露点《ろてん》の関係《かんけい》

水蒸気を含んだ空気の温度が下がると、水蒸気はしだいに飽和状態に近づいていきます。そして空気がこれ以上水蒸気を含むことができなくなって、余分な水蒸気が水滴に変わるときの温度を露点といいます。

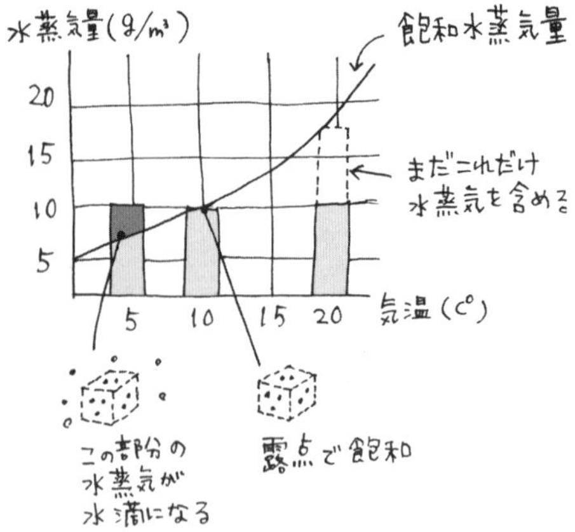

今日のおさらい

- 乾燥断熱減率《かんそうだんねつげんりつ》と湿潤断熱減率《しつじゅんだんねつげんりつ》の差《さ》でフェーン現象《げんしょう》が起《お》きる
- 風上側《かざかみがわ》で水蒸気《すいじょうき》が凝結《ぎょうけつ》して降水《こうすい》となるから、風下側《かざしもがわ》では乾燥《かんそう》する
- 同《おな》じフェーン現象《げんしょう》でも、風下側《かざしもがわ》の麓《ふもと》の気温《きおん》が上《あ》がらなければ「ボラ」

関連の授業 ➡ 7月-3　11月-2

12月

12月22日頃を冬至《とうじ》といい、

1年のうちで昼間が一番短い日だよ

北風が吹き、北日本では平地でも雪が降り始めるぞ

12月
1

霜柱《しもばしら》はどうしてできるの?

難易度

土《つち》の中《なか》からニョキニョキと生《は》える霜柱《しもばしら》をよく観察《かんさつ》すると、きれいな氷《こおり》の柱《はしら》でできていることがわかります。今回《こんかい》は地面《じめん》の中《なか》のお話《なはし》です。

霜柱《しもばしら》と霜《しも》は別物《べつもの》?

➡地面や植物に降りる霜は、空気中の水蒸気が凍って付着したものなので、「霜が降りる」という表現をします。霜柱は土の中の水分が凍って成長したものなので、霜とは違う現象だよ。土の中から生まれた証拠に、霜柱の頭には土の帽子がのっています。

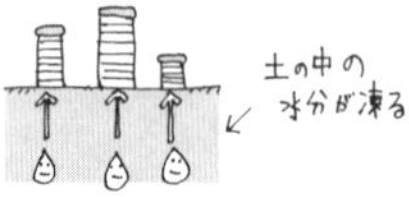

冷凍庫《れいとうこ》で土《つち》を凍《こお》らせたら、霜柱《しもばしら》はできるかな?

➡霜柱ができるには、地上と土の中の温度差が重要です。具体的には、地上は0℃以下と寒く、土の中は0℃以上で暖かい状況が必要です。冷凍庫の中だと全体が凍ってしまうので、たぶんできません。

踏《ふ》まなければ、霜柱《しもばしら》はどこまで伸びていくのかな?

➡土の中から霜柱を持ち上げる力と、持ち上がった霜柱の重さのバランスが取れたところが高さの限界になるので、どこまでも伸びていくことはないよ。条件が揃えば、10cmぐらいの高さまで成長するようです。

ちょっと一言いいかしら?

霜柱ができる土のお話を少々

霜柱が好む土があります。水分を保有しやすくて、砂利のように粒が粗すぎても、逆に細かすぎてもダメのようです。関東の人たちが霜柱を踏んだ経験が多いのは、赤土とよばれる関東ローム層のお陰です。火山灰質の土が、霜柱には好まれるようです。

霜柱《しもばしら》ができる温度《おんど》の条件《じょうけん》

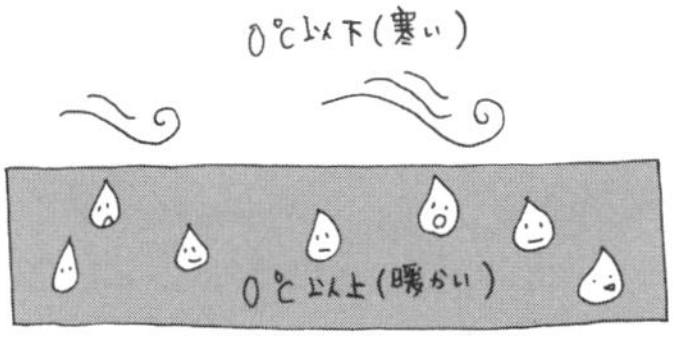

霜柱は土の中の水分が凍ってできたものです。だから、地上の気温は水が凍る0℃以下になる必要があるけれど、土の中は水分が凍らない0℃以上の条件が必要になります。

土《つち》の中《なか》の水分《すいぶん》が吸《す》い上《あ》がる仕組《しく》み

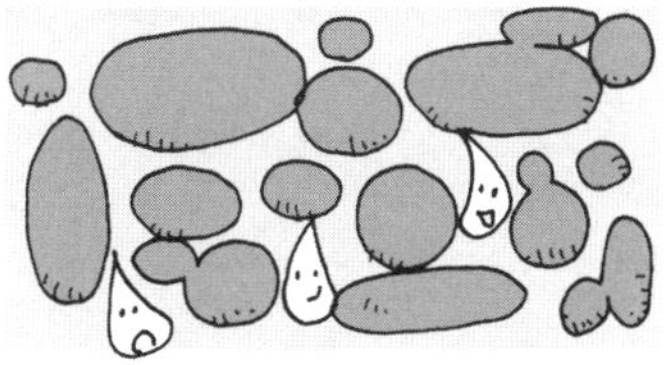

土の中を拡大してみました。土は大小のいろいろな形の粒々でできていて、粒と粒の間にはたくさんの隙間《すきま》があるよね。この隙間が土の中の水分の通り道になって、毛細管作用《もうさいかんさよう》でどんどん地上付近に吸い上がってくるんです。

毛細管作用ってちょっと聞きなれない言葉かもしれないね。乾いた雑《ぞう》巾《きん》の先端だけを水に浸しておくと、時間が経つにつれ水をゆっくり吸い上げて、雑巾全体が濡れていく現象を毛細管作用といいます。

霜柱《しもばしら》がニョキニョキと伸《の》びる理由《りゆう》

毛細管作用で吸い上がった水分は、気温0℃以下の地上で凍ってしまうけど、次々と水分は吸い上がってくるので、二番手で吸い上がって凍った氷によって、上の氷を押し上げていくんだ。

三番手が二番手を押し上げて、四番手が三番手を押し上げて・・・これを何度も繰り返すうちに、霜柱はニョキニョキと地上に伸びていくわけです。

どうして、地下に向かって凍らないのかというと、土の中は年中一定の温度に保たれていて、0℃以下にならないためです。

今日のおさらい

- **霜柱《しもばしら》は地上《ちじょう》と土《つち》の中《なか》の温度差《おんどさ》によってできる**
- **土《つち》の中《なか》の水分《すいぶん》は毛細管作用《もうさいかんさよう》によって吸《す》い上《あ》がる**
- **土《つち》の中《なか》は真冬《まふゆ》でも暖《あたた》かい。動物《どうぶつ》が土《つち》の中《なか》で冬眠《とうみん》するのもそのため**

関連の授業 ➡ 8月-6

12月 2

エルニーニョ、ラニーニャって?

難易度

これらの現象《げんしょう》がおきると、雲《くも》ができやすい場所《ばしょ》の位置《いち》がズレてしまい、大《おお》雨《あめ》や干《かん》ばつなど世界各地《せかいかくち》で異常気象《いじょうきしょう》がおこりやすくなるんだ。

どうして地球規模《ちきゅうきぼ》の影響《えいきょう》がおきるの?

➡異常気象の原因の一つに海水温の変化があります。海は熱容量が大きく、長い時間をかけてゆっくりと変化していくので、影響が持続されやすいんだ。また、海流の大規模な循環により影響が伝達されやすく、世界各地で大雨や干ばつ、高温や冷夏などの異常気象をもたらす原因になります。

エルニーニョ現象《げんしょう》はどのあたりで発生《はっせい》するの?

➡南米の赤道付近にあるペルーという国の沖合いの海で発生します。ペルー沖は、深海から冷たい海水がわき上がり、赤道付近にも関わらず海水温が低いんだけど、数年に1回、この付近の海水温が普段より高くなることをエルニーニョ現象といいます。

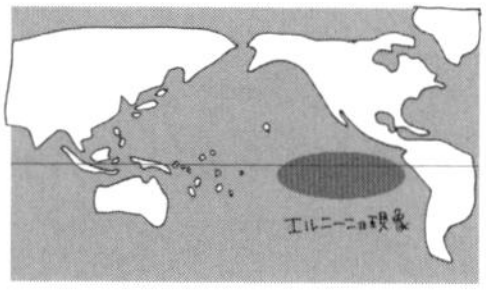

エルニーニョやラニーニャは、日本《にほん》にどんな影響《えいきょう》を及ぼすの?

➡エルニーニョ現象が起きると、暖かい海水が東にズレてしまい、台風の発生が減る傾向があります。また、太平洋高気圧も弱まって冷夏になり、冬は暖冬になる場合が多いようです。ラニーニャ現象はその逆で、暑夏《しょか》と寒《かん》冬《とう》になりやすいといわれています。

ちょっと一言いいかしら?

テレコネクションのお話を少々

エルニーニョやラニーニャが発生すると、大気循環に大きな影響を与えるので、いつもは雨の少ない地域で大雨となったり、その逆に雨が多かった地域で干ばつが発生したりします。その影響は太平洋の赤道海域だけに留まらずに、世界中の天候に変化をもたらします。こうして大気全体に影響が連鎖・伝播していく仕組みをテレコネクションといいます。

平常時《へいじょうじ》にペルー沖《おき》の海面水温《かいめんすいおん》が低《ひく》い理由《りゆう》

赤道付近の太平洋では、東風の貿易風が吹いていて、太陽で暖められた海水は、いつも西に集まっているんだ。

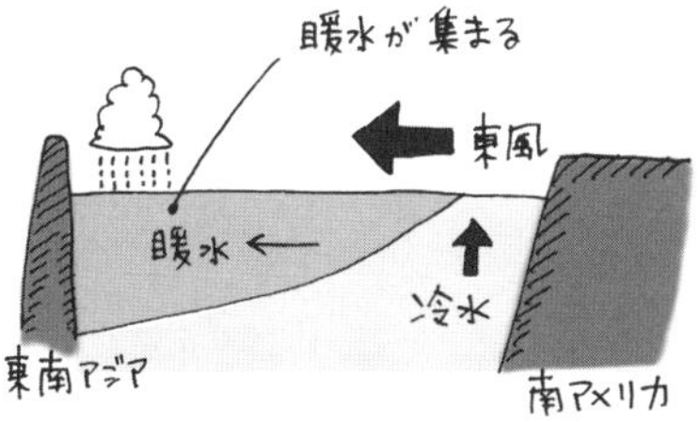

そして海水が西に吹き寄せらた分だけ、ペルー沖では深海から冷たい海水がわき上がり、太平洋西部と東部の海面水温は、いつも温度差ができています。

海面水温が高い東南アジア付近は、海面からの水蒸気によって雨雲をたくさん作ります。

エルニーニョが起《お》きる理由《りゆう》

何かの理由で貿易風が弱まると、いつものように東南アジア側に海水を吹き寄せる力が弱くなるので、暖かい海水が太平洋中部付近まで広がってしまいます。そうすると、ペルー沖でわき上がっていた冷たい海水も抑えられてしまい、ペルー沖の海面水温がいつもより2～4℃くらい上昇します。

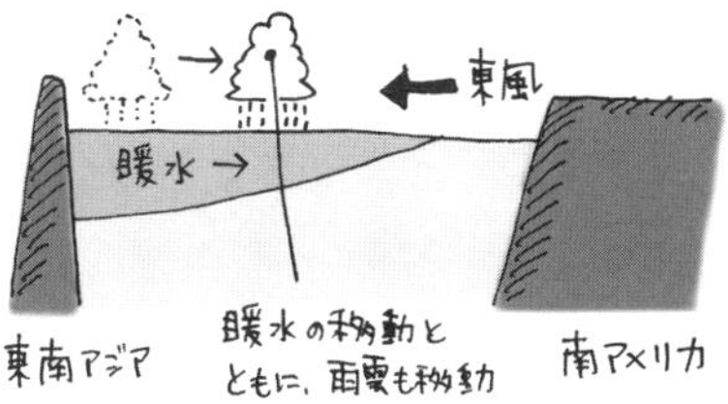

暖水の移動によって、雨雲も東に移動するので、雨が降りやすい地域の場所にズレが生じてきます。これがエルニーニョ現象です。

ラニーニャが起《お》きる理由《りゆう》

ラニーニャ現象はエルニーニョの逆で、貿易風が強まることで、いつも以上に東南アジア側に暖水が集まってしまい、その結果、ペルー沖の冷水のわき上がりも強まります。

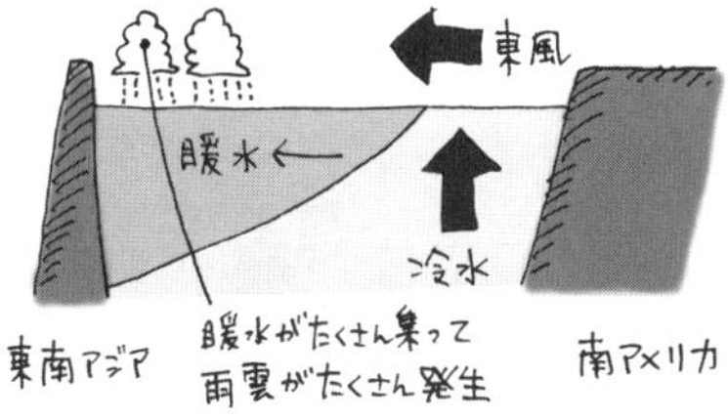

そのため、ペルー沖の海面水温がいつもより低くなり、東南アジアではいつも以上にたくさん雨が降るようになります。

今日のおさらい

- **貿易風《ぼうえきふう》が弱《よわ》まるとエルニーニョ、強《つよ》まるとラニーニャが起《お》きやすい**
- **エルニーニョ、ラニーニャは数年間隔《すうねんかんかく》で起《お》きる**
- **テレコネクションとは、世界中《せかいじゅう》の天候《てんこう》に連鎖《れんさ》・伝播《でんぱ》する仕組《しく》み**

関連の授業 ➡ 12月-5

12月
3

1日中太陽《いちにちじゅうたいよう》が沈《しず》まない日《ひ》がある?

難易度

北極《ほっきょく》や南極《なんきょく》の極地方《きょくちほう》では、1日中太陽《にちじゅうたいよう》が沈《しず》まない時期《じき》があり、これを白夜《びゃくや》といいます。逆《ぎゃく》に、1日中太陽《にちじゅうたいよう》が出《で》ない時期《じき》を極夜《きょくや》とよんでいます。

太陽《たいよう》の移動《いどう》スピードの違《ちが》いがあるのかな??

➡日本では太陽は東から昇って西へ沈むけれど、北極付近では、太陽は北から昇って北に沈む時期があります。そして、白夜の北極地点では、太陽が地平線付近を沿うように動くんだよ。だから、太陽の移動スピードの違いではなく、太陽の動き方にヒントがあるんだ。

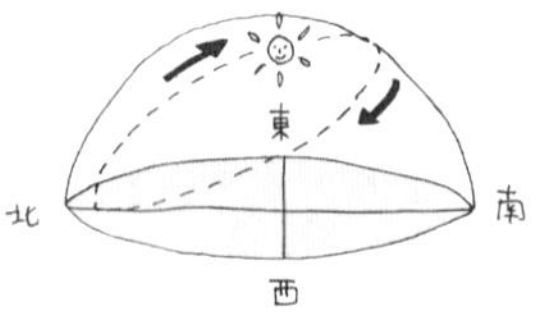

白夜《びゃくや》や極夜《きょくや》が起《お》きる時期《じき》は?

➡北極や南極では夏(夏至《げし》の頃)になると白夜が続きます。逆に冬(冬至《とうじ》の頃)になると極夜になります。どうしてこんなことが起きるのかというと、地球が1日に1回周るときに、回転の中心になる軸(地軸《ちじく》といいます)が、真っ直ぐではなくて傾いていることが原因なんです。

もし地軸《ちじく》が傾《かたむ》いてなかったらどうなるの?

➡地軸が傾いてなくて、太陽に対して垂直だったら、世界中に四季がなくなります。たとえばある地点において「昼と夜の長さが1年を通じて同じ」「太陽の高さが1年を通じて同じ」のような状況が想像できます。

ちょっと一言いいかしら?

地軸の延長線上にある星のお話を少々

地球が地軸を中心に自転していることで、地球の上にいる私たちは、空の星が動いているように見えています。しかし、たまたま地軸の延長線上に位置する星があります。回転軸の先に位置することで、真北にあって動かず見ることができ、昔から夜に方角を知るために利用されてきました。ご存知、北極星です。

❖ 太陽《たいよう》が沈《しず》まない理由《りゆう》

地軸が真っ直ぐじゃなく傾いていることで、太陽の光の当たり方の違いを図にしてみました。

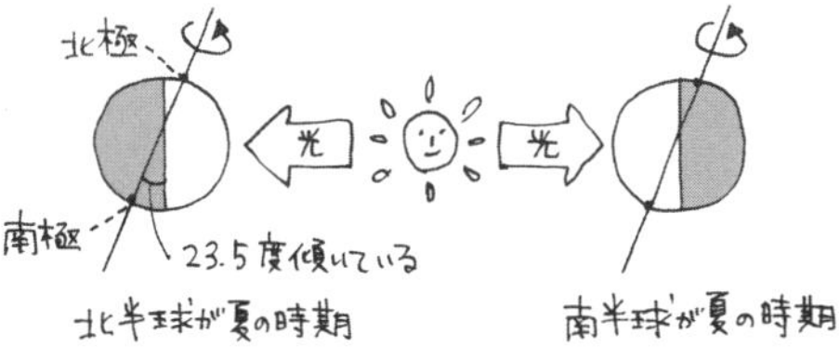

太陽の光が当たっていない地球の半分を黒くしていますが、黒い側が夜にあたります。

図の左側（北半球が夏の時期）の地球を見てみてください。北極地方が太陽の方向に傾いていることで、北極地方は地球が一回転してもずっと太陽の光が当たり続けることがわかるかな。すなわち、夜（黒い側）にならず一日中太陽が沈まない状態になるわけです。

一方で南極側を見ると、地軸を中心に地球が一回転しても、ずっと太陽の光が当たらず、夜の状態が続きます。

だから、

- 北半球が夏の時期（南半球が冬の時期）：北極地方で白夜、南極地方で極夜
- 南半球が夏の時期（北半球が冬の時期）：北極地方で極夜、南極地方で白夜

になるわけです。

❖ 太陽《たいよう》はどのように動《うご》くか

では次に、実際に太陽がどのように動いているのか見てみましょう。

北半球が夏の時期（南半球が冬の時期）の太陽の動きを、北極点、南極点、日本で比べたものを図にしてみました。

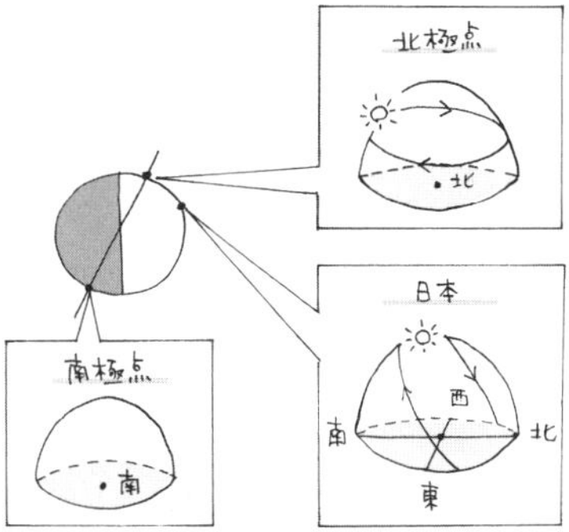

北極地点では、地平線に沿うように動き、太陽が一日中沈まない白夜になります。

日本では、東から昇った太陽が南側を通って西に沈みます。太陽の高さが高いのがわかるよね。

南極地点では、一日中太陽が昇らず、夜が続いて極夜になります。

今日のおさらい

- 白夜《びゃくや》も極夜《きょくや》も、太陽《たいよう》の動《うご》きのスピードじゃなくて、動《うご》き方《かた》に違《ちが》いがある
- 北極《ほっきょく》も南極《なんきょく》も、夏《なつ》の時期《じき》に白夜《びゃくや》になる
- 白夜《びゃくや》では、太陽《たいよう》は地平線《ちへいせん》に沿《そ》うように動《うご》く

関連の授業 ➡ 7月-2

12月
4

「空振《からぶ》り率《りつ》」「見逃《みのが》し率《りつ》」って？

難易度

打率《だりつ》、防御率《ぼうぎょりつ》、出塁率《しゅつるいりつ》といったら野球《やきゅう》の成績表《せいせきひょう》。天気予報《てんきよほう》の世界《せかい》では、空振《からぶ》り率《りつ》、見逃《みのが》し率《りつ》といったら、予報精度《よほうせいど》を評価《ひょうか》するときに使《つか》う言葉《ことば》です。

天気予報《てんきよほう》がどのくらい当《あ》たったのか、どうやって評価するの？

➡「曇りのち一時雨」という予報で、実況が「曇りときどき雨」だった場合、君だったら何点をつけるかな？ 天気予報と実況天気を比較して、予報に成績をつけることはとても難しいんだ。だから一番関心の高い「降水の有無」について検証を行なうことにしているんだよ。

「空振《からぶ》り率《りつ》」「見逃《みのが》し率《りつ》」の評価《ひょうか》はどうしてるの？

➡予報が外れるパターンは2つあります。
①雨は降らないと予報して、雨が降った
②雨が降ると予報して、雨が降らなかった
①を見逃し率、②を空振り率として定義してます。

天気予報《てんきよほう》は実際《じっさい》どのくらい当《あ》たってるの？

➡季節や地域によって変わってくるけど、明日の降水の有無《うむ》の適中率は、年間の全国平均（1992年～2010年の期間）で82%と気象庁が発表しています。

ちょっと一言いいかしら？

週間天気の予報精度のお話を少々

週間天気の予報精度は、日付が後半になるほど落ちる傾向があります。そこで気象庁は、週間天気の予報精度を、予報信頼度として発表しています。信頼度はA～Cの３段階で表わします。ご参考に。

A：確度が高い予報（降水有無の平均適中率８６％）
B：確度がやや高い予報（降水有無の平均適中率７２％）
C：確度がやや低い予報（降水有無の平均適中率５６％）

❖ 予報精度《よほうせいど》の評価《ひょうか》方法《ほうほう》

降水の有無の評価は、「雨が降る」「雨が降らない」を、「予報」と「実況」の関係にかけあわせて、次の4つに分類して考えています。

A：雨が降ると予報して、雨が降った
B：雨は降らないと予報して、雨が降った
C：雨が降ると予報して、雨が降らなかった
D：雨は降らないと予報して、雨が降らなかった

このうち、予報が当たったのはAとDで、外れがBとCだというのがわかると思います。
A、Dを「適中率」、Bを「見逃し率」、Cが「空振り率」になります。

❖ 適中率《てきちゅうりつ》、見逃《みのが》し率《りつ》、空振《からぶ》り率《りつ》、スレッドスコアの計算方法《けいさんほうほう》

上記のA～Dの関係を図にしたものです。ではそれぞれの計算式を見てみよう。

		予報	
		降水あり	降水なし
実況	降水あり	A	B
	降水なし	C	D

・適中率
予報が当たった確率なので、(A＋D)÷(A＋B＋C＋D)となります。
・見逃し率
雨が降ることを見逃した確率なので、(B)÷（A＋B＋C＋D)となります。
防災的には、災害に結びつく恐れがあるので、「見逃し」を少なくすることが重要になってきます。
・空振り率
雨が降ると予想したのに降らずに空振った確率なので、(C)÷（A＋B＋C＋D)となります。
・スレッドスコア
竜巻などのまれな現象では、発生しないと予報をすればほとんど適中してしまうので、これを含めて評価してしまうとあまり意味がなくなってしまうわけです。そこで、まれな現象を除外した適中率がスレットスコアになります。
Dを除いて、(A)÷（A＋B＋C)で計算されます。

今日のおさらい

- 天気予報《てんきよほう》の精度評価《せいどひょうか》は、確率《かくりつ》を使《つか》って行《おこな》われている
- 防災情報《ぼうさいじょうほう》の場合《ばあい》は、空振《からぶ》り率《りつ》よりも見逃《みのが》し率《りつ》を少《すく》なくすることが重要《じゅうよう》
- まれに発生《はっせい》する現象《げんしょう》を除外《じょがい》した適中率《てきちゅうりつ》をスレッドスコアという

関連の授業 ➡ 5月-4　3月-4

12月 5

異常気象《いじょうきしょう》ってどういうこと?

難易度

異常気象《いじょうきしょう》の原因《げんいん》って、実《じつ》はまだはっきりとわかってないんだ。太陽活動《たいようかつどう》の変《へん》化《か》や火山噴火《かざんふんか》、人間活動《にんげんかつどう》などいろいろな要因《よういん》が複雑《ふくざつ》にからみあっています。

異常気象《いじょうきしょう》ってどういうことをいうの?

➡気象庁では、ある場所で30年に1回程度で起こる現象を異常気象と定義しています。人が一生の間でまれにしか経験しない現象のことをさしています。人間の健康状態で例えたら、平均体温36℃の人が、40℃を超えるような状況と考えるとよいかもしれないね。37℃でも身体はだるいかもしれないけれど、ただの風邪であれば、それを異常とはあまりいわないよね。

30年《ねん》ってどの期間《きかん》を30年《ねん》としているの?

➡異常気象は、過去30年間の観測値の平均を、平年値として比べています。その平年値は10年ごとにデータを更新する決まりになっているんだ。だから今使っているデータは、1981年〜2010年の平年値で、次回の更新は2021年なので、もうしばらく先になるね。

前回:1971年〜2000年までの平年値
現在:1981年〜2010年までの平年値
次回:1991年〜2020年までの平年値

異常気象《いじょうきしょう》は人間《にんげん》のせいなの?

➡人間が森を切ったり石炭や石油をたくさん使ったりすることも問題になっているけれど、太陽活動の変化や、火山噴火などの自然現象も大きな影響があるんだよ。

異常気象《いじょうきしょう》の原因《げんいん》　~温室効果《おんしつこうか》~

温室効果というキーワードを最近よく耳にするけど、それ自体が悪いわけじゃないんだよ。温室効果はこんな流れでおきています。

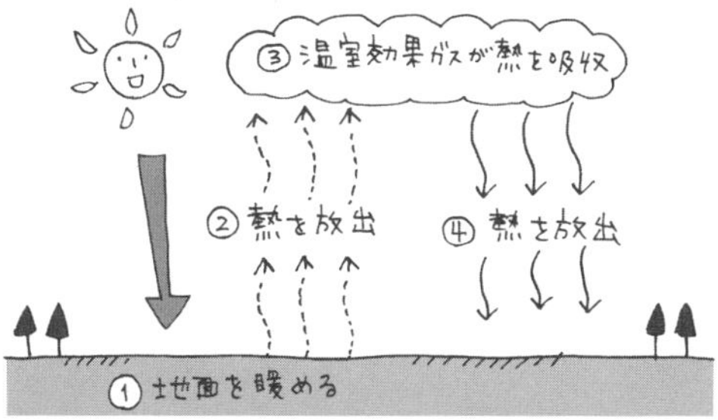

①太陽からの熱が、地面を暖める
②暖まった地面からの熱が、上空に向かって放出される
③温室効果ガス（CO_2やメタン、水蒸気など）が地面からの一部の熱を吸収する
④温室効果ガスが吸収した熱が、再び地面に向かって放出する

もし③④の過程がなくなってしまうと、地球の平均気温は－19℃程になってしまうといわれているんだ。だから、適切な量の温室効果ガスは生物が生きていくために必要不可欠なんです。
では問題になっているのはというと、温室効果ガスがここ近年で急激に増えてきていることなんだ。それによって③④の効果が以前に比べて大きくなってしまった結果、地球温暖化という問題につながるわけです。

異常気象《いじょうきしょう》の原因《げんいん》　~日傘効果《ひがさこうか》~

人間活動や火山噴火などの煙に含まれるチリやホコリは、雲を作って太陽の光をさまたげたり、それ自体が太陽の光を反射して宇宙に戻してしまう効果をもっているんだ。これは日傘効果とよばれていて、地球の気温を低下させてしまって、冷夏などの異常気象の原因の一つになると考えられています。

ちょっと一言いいかしら?

アルベドのお話を少々

太陽からの光（熱）を、地球がどれだけ反射するかの割合をアルベドといいます。
アルベドの割合は場所によって異なっていて、土壌や海面では5～40%、砂漠や雪面などでは90%をこえる場合もあります。温暖化によって氷雪が溶けてしまうと、アルベドが下がって温暖化の加速につながるという説があります。

過去《かこ》の異常気象《いじょうきしょう》

気象災害は、ここ数十年間で世界各地で増大していると報告されています。図は、1998～2004年にかけての主な気象災害を、報道の情報などをもとに気象庁が作成した資料を参考にしたものです。
大雨・台風・ハリケーンを横線、干ばつ・森林火災を縦線、熱波を斜線、寒波をドットで示しています。

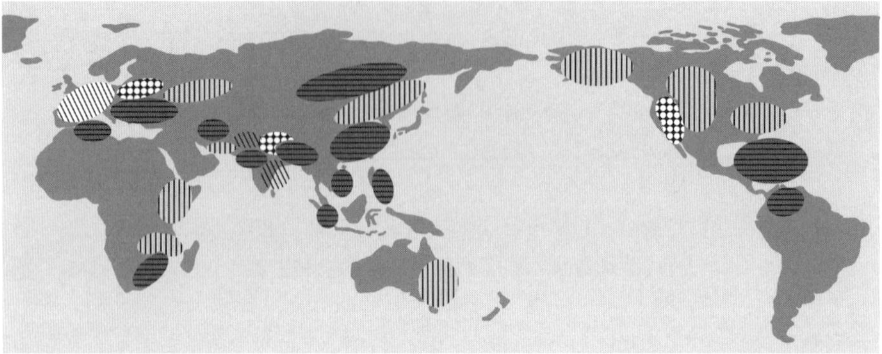

横線 → 大雨、台風、ハリケーン
縦線 → 干ばつ、森林火災
斜線 → 熱波
ドット → 寒波

今日のおさらい

- 異常気象《いじょうきしょう》とは、30年《ねん》に1回程度《かいていど》で起《お》こる現象《げんしょう》のこと
- 温室効果《おんしつこうか》が悪《わる》いのでなく、温室効果《おんしつこうか》ガスの急増《きゅうぞう》が問題《もんだい》
- 雲《くも》が日傘《ひがさ》の役割《やくわり》をして、日射《ひざし》をさまたげ気温《きおん》を下《さ》げるのが日傘効果《ひがさこうか》

関連の授業 ➡ 7月-5　12月-2　2月-2

1月

寒さが一段と厳しくなって、北国では雪が続くよ

1月20日頃を大寒《だいかん》といい、1年のうちで一番寒い頃だね

1月1

雲《くも》の隙間《すきま》から広《ひろ》がる光《ひかり》ってなに？

難易度

雨上《あめあ》がりに雲《くも》の隙間《すきま》から光《ひかり》が射《さ》す光景《こうけい》を、一度《いちど》は見《み》たことあるんじゃないかな？　この美《うつく》しい自然現象《しぜんげんしょう》は、写真家《しゃしんか》たちにも人気《にんき》のようです。

雲《くも》の隙間《すきま》から広《ひろ》がる光《ひかり》の名前《なまえ》はあるの？

➡光芒《こうぼう》っていいます。神様が降りる場所にスポットライトがあたったみたいなので、旧約聖書に由来する「ヤコブの梯子《はしご》」とか「天使の梯子」とよばれたりします。ちなみに、「芒」とは植物のススキのことです。射し込む光の形が、ススキの形にちょっと似てるかもね。

光《ひかり》の射《さ》す方向《ほうこう》は決《き》まっているの？

➡雲から地面に向かって下向きに伸びた形が一般的だけど、上向や横向きの場合もあるんだよ。「太陽」「雲」「観測者」の3つの位置関係によって見え方が違ってきます。

発生《はっせい》しやすいタイミングってあるの？

➡雨上がりに光芒を見つける人は多いんじゃないかな？　でもいつでも見られるとは限らないんだ。光芒は大気中に浮かんだホコリや小さな水の粒が少なくてはダメで、多すぎても「もや」のように白っぽくなってしまい、視界が悪くなってしまうんだ。程よい数と大きさの粒が浮かんでいることが大切で、そう簡単に見ることができないのが、より神秘的だよね。

ちょっと一言いいかしら？

エアロゾルのお話を少々

空気中を漂うホコリやチリなどの小さな粒をエアロゾルとよびます。エアロゾルはその作られ方によって、土壌粒子、海塩粒子、炭素粒子・・・などにわけられます。エアロゾルの数を、陸上、海上、市街地で比較すると、市街地が一番多く、大気中に存在するエアロゾルの約10%が人間活動によって作られたものといわれています。

光芒《こうぼう》は、空気中《くうきちゅう》のホコリやチリが演出《えんしゅつ》したもの

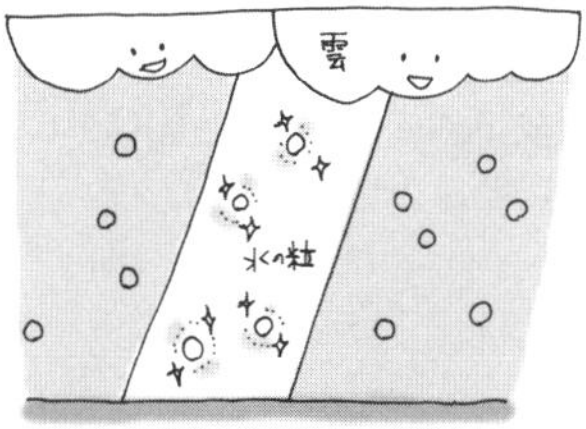

家の中で布団をバサバサすると、窓から差し込む光の線が見えることってありませんか？
光芒はこの現象と理由が同じです。
バサバサしてホコリやチリが部屋中に舞うように、大気中でもエアロゾルとよばれるホコリやゴミ、小さな水の粒が浮かんでいます。
そこに太陽の光が射すと、光がエアロゾルや水の粒にぶつかってあちこちに反射するので、その反射したところが明るく輝いて見えるんです。
つまり、ホコリやチリがミラーボールのような役目をして、光の通り道を見せてくれているわけだね。

２種類《しゅるい》の光芒《こうぼう》　～薄明光線《はくめいこうせん》と反薄明光線《はんはくめいこうせん》～

光芒はその見え方によって、薄明光線と反薄明光線の２種類があります。

①薄明光線

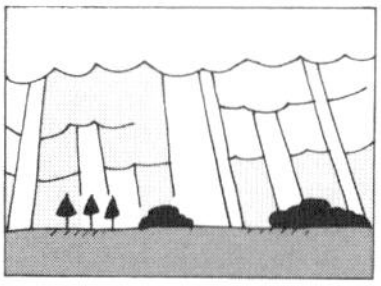

雲の隙間や端から太陽の光が漏れて、地上や四方に光の線が射す状態をいいます。太陽の角度が低くなる早朝や夕方に見えることが多いです。

②反薄明光線

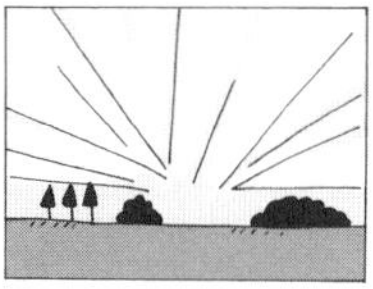

太陽の周囲にできる薄明光線とは逆で、太陽と正反対の方向に光の線が放射状に射す状態をいいます。夏季の夕方に見られやすい現象です。

光《ひかり》が広《ひろ》がって見《み》えるのはどうして？

確かに雲の隙間から離れるほど幅が広がっているように見えるよね。でも実際の光芒はまっすぐ並行に伸びていて、広がって見えるのは遠近法《えんきんほう》による目の錯覚《さっかく》なんです。
たとえば、線路の２本のレールは本当は平行に伸びているのに、図のように手前ほど広がって見えるでしょ？これと同じです。

今日のおさらい

- 光芒《こうぼう》には、薄明光線《はくめいこうせん》と反薄明光線《はんはくめいこうせん》の２種類《しゅるい》がある
- エアロゾルや水《みず》の粒《つぶ》が、ミラーボールのように輝《かがや》いて光芒《こうぼう》を作《つく》る
- 光《ひかり》が広《ひろ》がって見《み》えるのは、目《め》の錯覚《さっかく》

関連の授業 ➡ 9月-2　1月-2

1月 2

虹《にじ》はどうしたら見《み》つけられるの?

難易度

雨《あめ》が降《ふ》るか知《し》りたいときには天気予報《てんきよほう》でわかるけど、虹《にじ》の予報《よほう》は発表《はっぴょう》されてませんね。でも、虹《にじ》が出《で》やすい時間帯《じかんたい》や、見《み》つけやすい条件《じょうけん》があるよ。

虹《にじ》はどんなときにできるの?

➡雨上がりで、太陽の光が差したときが絶好のチャンスです。太陽の光が空気中に浮かんだ水滴にぶつかることで、虹ができるからなんだ。

どうして7色《しょく》に見《み》えるの?

➡太陽の光は、赤、橙、黄、緑、青、藍、といろいろな色が混ざっています。この光が水滴にぶつかると、折れ曲がって反射するのだけど、光は色の種類によって、折れ曲がる角度が違うんだ。ちょうど水滴が交通整理をして、混ざった太陽の光を、赤、青、黄・・・といった具合に、色別に整列させています。このように、混ざり合っていた光を分けることを「分光《ぶんこう》」といいます。

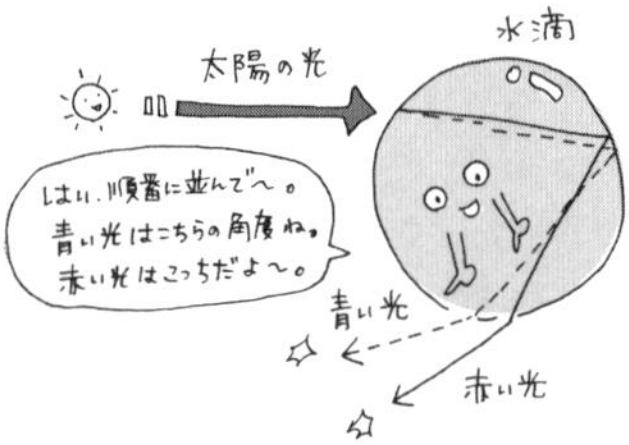

虹《にじ》を見《み》つけやすい時間帯《じかんたい》ってあるのかな?

➡虹を見つけるには、太陽に背中を向けて探すことがポイントです。太陽は東から昇って西に沈むから、午前中は西側を、午後なら東側を探すといいよ。お昼頃は太陽が頭上にくるので、虹はほとんど見ることができないんだ。

ちょっと一言いいかしら?

虹は7色とは限らない、というお話を少々

ほとんどの人が虹は7色と答えると思いますが、これは世界標準ではありません。アメリカなど英語圏では6色、ドイツは5色、アフリカの部族にいたっては、なんと2色だそうです。

もちろん虹のメカニズムは万国共通なのですが、グラデーションした虹の色の捉え方は、その国の文化や色の見方の違いによって異なるからです。

虹《にじ》ができる2つのポイント

虹の仕組みを映画館にたとえたら、太陽が映写機で、たくさんの水滴がスクリーンの役割となります。

ここでのポイントは2つです。

ポイント①：雨上がりであること

雨が降った後だと、空気中にたくさんの水滴が浮かんでいるので、虹を映し出す立派なスクリーンができます。

ポイント②：太陽が出ていること

映写機である太陽が隠れてしまったら、スクリーンがあっても虹を映し出すことができません。

観測者《かんそくしゃ》が注意《ちゅうい》すること

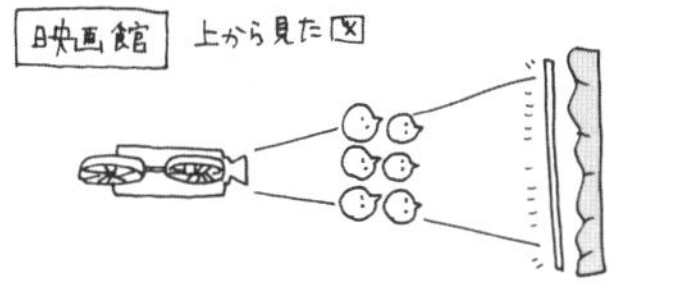

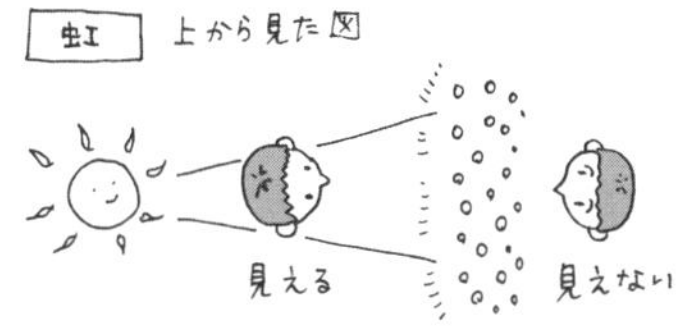

虹を見るために忘れてはいけないのが、見る人の位置です。太陽、観測者、水滴が一直線上に並んだときに虹を見ることができます。

映画館でも、映写機に向かって座る人はいないよね。だから虹を見るためには、必ず太陽に背中を向けていることが必要なんだよ。

特等席《とくとうせき》で虹《にじ》を見《み》るために

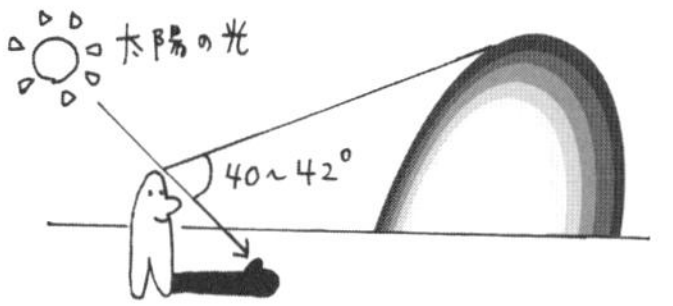

虹は、太陽の光が水滴にぶつかって折れ曲がった光を見ている説明をしたけど、この光は、背にした太陽の光とだいたい40～42°くらいの角度をなしています。

だから図のような角度だと虹を特等席で見ることができるはずだよ。

今日のおさらい

- 光《ひかり》が反射《はんしゃ》する角度《かくど》は色《いろ》によって異《こと》なる
- 虹《にじ》は午前中《ごぜんちゅう》は西側《にしがわ》、午後《ごご》は東側《ひがしがわ》にできる
- 虹《にじ》の出来《でき》る角度《かくど》は、太陽《たいよう》と観測者《かんそくしゃ》を結《むす》ぶ延長線《えんちょうせん》から40～42°ぐらい

関連の授業 ➡ 5月-2　8月-3　2月-1

1月3

雪《ゆき》の結晶《けっしょう》ってどんな形《かたち》なの?

難易度

美《うつく》しくていろいろな形《かたち》の雪《ゆき》の結晶《けっしょう》がどうしてできるのか、まだわかっていません。でも「どんな条件《じょうけん》ならできるか」は、少《すこ》しずつわかってきています。

たとえばどんなことがわかっていないの?

➡雪の結晶は六角形なのは知っているかな?これは水を作っている分子が、凍ると六角形に並ぶ性質があるからといわれてます。でもどうして六角形に並ぶのかというと、その辺がまだよくわかっていないんだ。自然界には雪の結晶以外に、蜂の巣、亀の甲羅《こうら》、キリンの模様などが六角形なんだよ。

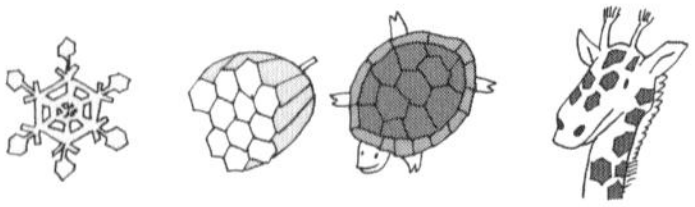

雪《ゆき》の結晶《けっしょう》はどうやって成長《せいちょう》するの?

➡雲粒が凍ると、六角形の氷の粒(氷晶)になります。そして氷晶が、過飽和状態《かほうわじょうたい》の雲の中を落ちていく途中で、水蒸気を取り込みながら雪の結晶へ成長していくんだ。

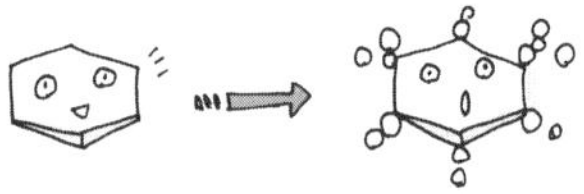

過飽和《かほうわ》ってなんですか?

➡空気が含める水蒸気の最大限度量を飽和水蒸気量《ほうわすいじょうきりょう》というけど、その最大限度量を越えている状態を過飽和っていいます。空の上では、飽和してもすぐに雲粒ができないことが多く、ほとんど過飽和になっているんだ。

ちょっと一言いいかしら?

雪質のお話を少々

雪質によって粉雪、ぼたん雪という表現がありますが、この2つの雪を観察してみると、雪を構成している結晶の種類も異なっています。さらさらした粉雪は、気温が低くて比較的湿度が低い環境で降るので、単純な六角形や角柱、針状の結晶が多いのですが、大粒で水気の多いぼたん雪は、気温が高くて湿度も高い環境の中で、複雑な形の樹枝状のものが多くなります。

雪《ゆき》を降《ふ》らせる雲《くも》の中《なか》の状態《じょうたい》

雪は、雲の中で作られた氷の粒が、溶けずに落ちてきたものだよね。その雲の中では、次のような環境になっています。

①:気温が0℃以下になっている

雪を作り出す雲なので、気温は0℃以下になっています。

②:過冷却水滴が存在する

実は水は0℃ちょうどではほとんど凍ることはないんです。ゆっくり温度が下がる環境の中では、0℃をだいぶ過ぎても凍らず、液体の状態で存在し続けます。この状態の水滴を過《か》冷却水滴《れいきゃくすいてき》といいます。

③過飽和の状態になっている

本来の飽和水蒸気量を上回った量の水蒸気が存在している状態を過飽和といいます。

雪《ゆき》の結晶《けっしょう》にいろいろな形《かたち》がある理由《りゆう》

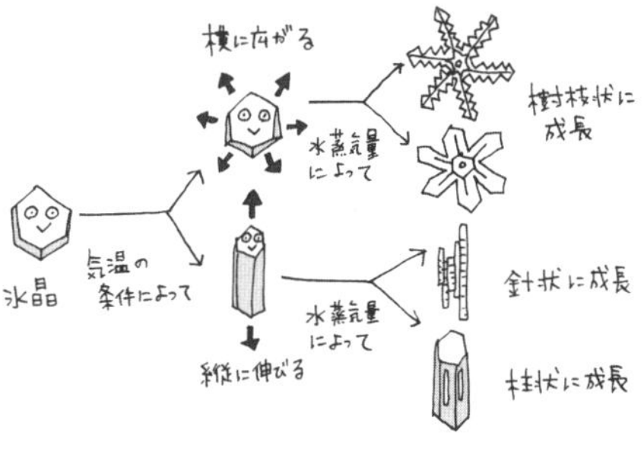

雲の中に存在する過冷却水滴は、とても不安定な状態になっているので、氷晶に触れるとすぐに凍って氷晶に取り込まれていきます。そして、水蒸気の過飽和の大気中を成長しながら地上へ落ちていきます。雪の結晶にいろいろな形があるのは、この成長の過程の気象条件が、それぞれ異なるからなんです。結晶の形を決めるのは、育った環境の「気温」と「水蒸気の過飽和具合」といわれています。具体的には、「気温」によって氷晶が横に広がるか縦に伸びるかが決まり、水蒸気の量が多いと六角形の角に水蒸気がくっついて、きれいな樹枝状に成長していくようです。

今日のおさらい

- 雪《ゆき》の結晶《けっしょう》は六角形《ろっかくけい》。五角形《ごかくけい》や八角形《はっかくけい》はない
- 水蒸気《すいじょうき》の過飽和《かほうわ》と、過冷却水滴《かれいきゃくすいてき》をたくさん含《ふく》んだ環境《かんきょう》で、結晶《けっしょう》は成長《せいちょう》
- 結晶《けっしょう》の形《かたち》は気温《きおん》で板状《いたじょう》か柱状《ちゅうじょう》に決《き》まり、水蒸気《すいじょうき》が多《おお》いと樹枝状《じゅしじょう》に成長《せいちょう》

関連の授業 ➡ 4月-1　8月-7　11月-2

1月 4

気象予報士《きしょうよほうし》のことを教《おし》えて？

難易度

芸能人《げいのうじん》が合格《ごうかく》したりと、気象予報士《きしょうよほうし》という資格《しかく》はとても有名《ゆうめい》になってきました。毎年《まいとし》１月《がつ》と８月《がつ》には試験《しけん》があります。

そもそも気象予報士《きしょうよほうし》ってどういう資格《しかく》なの？

➡平成５年（1993年）に「気象業務法」という法律が改正されて、天気予報の仕事をするには、気象予報士という資格を取らなければいけなくなったんだよ。有資格者は、観測データなどを分析して、自分の考えや判断を予報に加えて、仕事として天気予報を発表できるようになりました。

気象業務法《きしょうぎょうむほう》にはどんなことが書《か》かれているの？

➡気象予報士が営利目的で天気予報を提供したり、国民に発表するには、気象庁長官から業務の許可を受けなければいけなんだ。その目的や予報範囲は、「気象業務法」に定められています。警報注意報や台風情報など災害に関連する予報は、混乱を招かないよう気象庁しか発表できません。

お天気《てんき》キャスターになるには、気象予報士《きしょうよほうし》の資格《しかく》がいるの？

➡気象予報士が発表した予報や原稿を解説するだけなら、気象予報士の資格はいらないよ。だから、テレビに出演しているお天気キャスターは、必ずしも気象予報士の有資格者じゃなくて、局のアナウンサーやタレントさんの場合も多いよね。

ちょっと一言いいかしら？

気象予報士の有資格者のお話を少々

気象予報士の資格は、よく車の運転免許に例えられることがあります。車を運転するためには、メーカーが提供する車を使って目的にあわせて運転をするわけですが、天気予報でも気象庁が提供する気象データを使って、目的にあわせた天気情報に加工して提供していくわけです。

車の運転には運転免許が必要なように、天気予報をするためには気象予報士の資格が必要になります。ただ、運転免許は定期更新がありますが、気象予報士にはありませんね。

天気予報《てんきよほう》の仕事《しごと》をするための許可《きょか》

天気予報にかかわる仕事を予報業務っていいます。気象庁以外が予報業務を行う場合には、次のような基準を満たすことで、業務の許可を受けることができます。

①施設と要員の確保－1－

予報業務を適確に行うために、予報資料等の収集および解析に関する施設や要員を用意されていること

②施設と要員の確保－2－

希望する予報業務の目的と範囲に関する、気象庁発表の警報注意報などを迅速に受けることができる施設と要員を用意されていること

③適切な気象予報士の配置

希望する予報業務を行う事業所ごとに、気象予報士が配置されるようになっていること

気象予報士《きしょうよほうし》になるために

気象予報士になるためには、気象業務支援センターが実施している国家資格の気象予報士試験に合格して、気象庁長官の登録を受ける必要があります。受験には年齢や学歴の制限はないので、みんなに受験のチャンスがあります。

試験は毎年1月と8月の2回実施されていて、次のような知識と技能が出題されます。

①学科(マークシート):予報業務に関する一般知識(大気構造《たいきこうぞう》、熱力学《ねつりきがく》、法規《ほうき》等)

②学科(マークシート):予報業務に関する専門知識(数値予報、気象予測の応用等)

②実技(筆記):天気図など気象観測資料を読み取って、天気を予想する

2011年8月時点で、36回の試験が行われ、約8000人以上の合格者が出ていますが、合格率は5%前後です。僕が受験したときの教室の大きさがちょうど40人ぐらいだったので、「この中で1～2番の成績をとらないといけないのかぁ・・・」と思った記憶があるよ。一発合格はなかなか難しいので、中長期的に勉強の計画を立てて、試験に挑むといいかもしれないね。

今日のおさらい

- **気象予報士《きしょうよほうし》になるには気象予報士試験《きしょうよほうししけん》に合格《ごうかく》し、気象庁長官《きしょうちょうちょうかん》の登録《とうろく》が必要《ひつよう》**
- **気象予報士《きしょうよほうし》は、仕事《しごと》として自分《じぶん》の考《かんが》えや判断《はんだん》を加《くわ》えた予報《よほう》を発表《はっぴょう》できる**
- **試験《しけん》はマークシート形式《けいしき》の学科試験《がっかしけん》と筆記形式《ひっきけいしき》の実技試験《じつぎしけん》からなる**

関連の授業 ➡ 5月-5　6月-5　11月-4

1月
5

雲《くも》はどんな種《しゅ》類があるの？

難易度

空《そら》を見《み》上《あ》げたときに、雲《くも》の名前《なまえ》がわかったらちょっと嬉《うれ》しくない？　実《じつ》は雲《くも》の分類《ぶんるい》はたったの10種類《しゅるい》なんです。お気《き》に入《い》りの雲《くも》はあるかな？

雲《くも》にはどんな形《かたち》があるの？

➡①モクモクした積状のグループ

モクモクとしたわた雲は積状の雲で、「巻積雲」「高積雲」「積雲」「積乱雲」の4つに分類でき、名前に「積（cumulus）」の文字が付くのが特徴です。

②のっぺりした層状のグループ

雲がのっぺりと層状に広がった雨雲などが層状の雲です。「巻層雲」「高層雲」「乱層雲」「層雲」の4つの雲が該当し、名前に「層（stratus）」の文字が付きます。「層積雲」という「積」と「層」の両方の文字をもった雲は、両方の特徴をもったハイブリッドな雲だね。

雲《くも》のできる高《たか》さによって、種類《しゅるい》が違《ちが》うのかな？

➡①上層雲のグループ

上空5～13km付近に発生する雲で、気温が低いために氷の粒で形成されています。「巻雲」「巻積雲」「巻層雲」の3つが該当します。

②中層雲のグループ

上空2～7km付近に発生する雲で、水と氷の粒が混在して形成されています。「高積雲」「高層雲」「乱層雲」の3つが該当します。

③下層雲のグループ

上空2km付近以下に発生する雲で、水の粒で形成されています。「層積雲」「層雲」の2つが該当します。「積雲」「積乱雲」は、下層から上層まで背が高く成長する雲なので、対流雲と分類されます。

「ひつじ雲《ぐも》」や「うろこ雲《ぐも》」は、専門的《せんもんてき》な分類《ぶんるい》ではなんてよぶの？

➡ひつじ雲（高積雲）、うろこ雲（巻積雲）という呼び方は雲の俗称だね。地方によって呼び方が異なるので、正式名称と一緒に覚えるといいかもね。

十種雲形《じゅっしゅうんけい》による雲《くも》の分類《ぶんるい》

これまで登場してきた雲の種類を数えると、全部で10種類になるはずです。

これは世界気象機関（WMO）が発行した「国際雲《こくさいうん》図帳《ずちょう》」による分類の仕方なのだけど、雲の姿・形や高さによって10種類に分けたものなんです。これを「十種雲形」とよんでいます。

（そうそう、この授業《じゅぎょう》を一緒《いっしょ》に受《う》けている子雲たちも、10種類《しゅるい》だね）

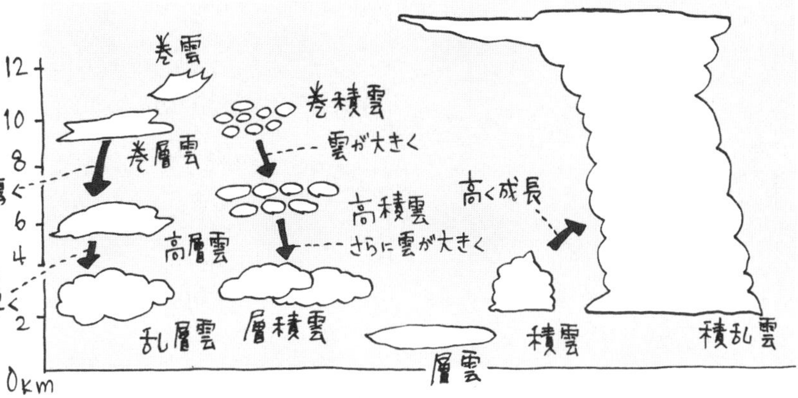

図では、雲が発達して名前が変わっていく様子がわかります。たとえば巻層雲は、雲が厚く発達するにつれて、巻層雲→高層雲→乱層雲と変化していきます。

巻層雲と高層雲、巻積雲と高積雲は、専門家でもなかなか見分けにくい雲です。

ちょっと一言いいかしら？

国際雲図帳のお話を少々

「国際雲図帳」では、十種雲形をさらに「種」「変種」「副変種」に細かく分類しています。

「毛状雲」「レンズ雲」など見た目の形で細分したのが「種」、「不透明雲」「波状雲」など並び方や透明度で細分したのが「変種」、「乳房雲」「ベール雲」など部分的な特徴で細分したのが「副変種」になります。

❖ 10種類《しゅるい》の雲《くも》のプロフィール

	雲形	高さ	雲粒	説明
上層雲	巻雲《けんうん》(cirrus)	5～13km付近	氷晶	空のもっとも高いところにできる雲。俗称は「すじ雲」 
	巻積雲《けんせきうん》(cirrocumulus)			小さな雲の集まりで、日本では秋の象徴的な雲。俗称は「うろこ雲」「いわし雲」 
	巻層雲《けんそううん》(cirrostratusu)			太陽にかかると光を屈折させて光の輪を作ることがある。俗称は「うす雲」 
中層雲	高積雲《こうせきうん》(altocumulus)	2～7km付近	氷晶と水滴	まだら模様や線上、波状など、形状の変化に富んだ雲。俗称は「ひつじ雲」 
	高層雲《こうそううん》(altostoratus)			月にかかると、ぼんやりとした「おぼろ月」になる。俗称は「おぼろ雲」 
	乱層雲《らんそううん》(nimbostratus)			雨や雪を降らせる代表的な雲。山の頂上にかかることもある。俗称は「あま雲」「ゆき雲」 
下層雲	層積雲《そうせきうん》(stratocumulus)	2km付近以下	水滴	積状の雲と層状の雲の中間的な存在。俗称は「くもり雲」「うね雲」 
	層雲《そううん》(stratus)			雲の中でも一番低いところにできる雲。俗称は「きり雲」。 
対流雲	積雲《せきうん》(cumulus)	2～13km付近	氷晶と水滴	青空にぽっかり浮かんだ綿菓子のような雲。俗称は「わた雲」 
	積乱雲《せきらんうん》(cumulonimbus)			雲の中でもっとも背の高い雲。台風はこの雲が集まったもの。俗称は「入道雲」「雷雲」 

今日のおさらい

- 積状《せきじょう》の雲《くも》は名前《なまえ》に「積《せき》」が付《つ》く。層状《そうじょう》の雲《くも》は「層《そう》」が付《つ》く
- 雲《くも》ができる高《たか》さは、「上層《じょうそう》」「中層《ちゅうそう》」「下層《かそう》」に分類《ぶんるい》できる
- 国際雲《こくさいうん》図《ず》帳《ちょう》による分類《ぶんるい》では、雲《くも》はたったの10種類《しゅるい》

関連の授業 ➡ 4月-1　5月-3　8月-1

2月

2月4日頃を立春《りっしゅん》といい、暦の上では春がはじまるよ

東京で春一番が吹く頃だなぁ

2月
1

ダイヤモンドダストってなに？

難易度

ダイヤモンドダストは、小《ちい》さな氷《こおり》の粒《つぶ》が空気中《くうきちゅう》を舞《ま》って、キラキラと輝《かがや》く現象《げんしょう》をいいます。漢字《かんじ》では「細氷《さいひょう》」と書《か》きます。

キラキラするのは雪《ゆき》が降《ふ》っているのかな？

➡太陽の光に照らされてキラキラと輝いているのは、雲から降った雪が原因ではなくて、氷晶とよばれる小さな氷の粒なんです。ダイヤモンドダストの発生は晴れた日が多いのだけど、観測上ではダイヤモンドダストは雪に分類されるので、晴れていても雪と記録されます。

ダイヤモンドダストは空《そら》から降《ふ》ってくるの？

➡氷晶は雨や雪のように雲から降ってくるものではないんだよ。ここが珍しいといわれる所以《ゆえん》なんです。

ダイヤモンドダストはいつ見《み》れるの？

➡晴れていて風が弱く、気温が－10 ～－20℃ぐらいまで下がった冬に発生しやすいようです。限られた条件で起きる現象なので、見ることができたらすごくラッキー。ちなみに、北海道の旭川《あさひかわ》や十勝《とかち》などで見られるようです。

ちょっと一言いいかしら？

ダイヤモンドダストの親戚のお話を少々

ダイヤモンドダストに似ている現象で、氷霧《ひょうむ》があります。氷霧はダイヤモンドダストと違って、空気中を浮遊するのが特徴です。「降る」のではなくて「浮遊」するので、観測上は霧に分類されます。

ダイヤモンドダストのでき方《かた》

気温が下がってとても寒くなると、空気の中に含まれている水蒸気が直接凍って氷晶に変わる場合があります。これを昇華《しょうか》といいますが、この昇華が空気中で次々とおきて、キラキラと輝きながら氷晶が降る現象がダイヤモンドダストなんです。

水蒸気《すいじょうき》の飛《と》び級《きゅう》

水は冷やすと、水蒸気から水、水から氷と変化していくのが自然だよね。それはまるで、僕たちが段階をおって学校を進学していくのに似ています。しかし、ダイヤモンドダストを作りだす昇華は、水蒸気が水を飛び越えて、いきなり氷に変化してしまう現象なんだよ。

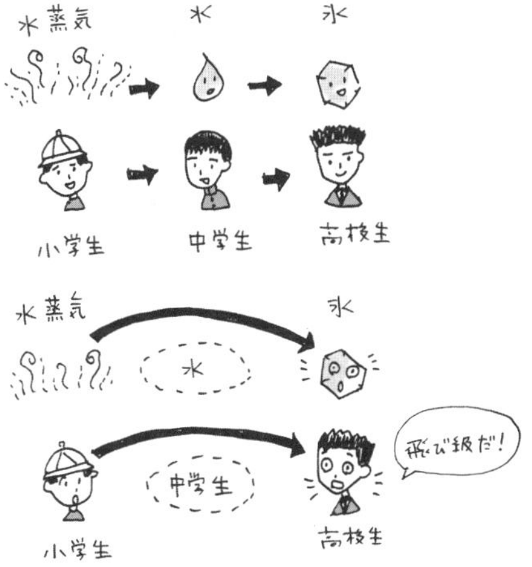

ダイヤモンドダストの親戚《しんせき》

条件が揃うと、光の柱が空気中に現われることがあります。これを太陽柱《たいようちゅう》またはサンピラーとよびます。太陽柱は、ダイヤモンドダストを発生させる平板状の氷晶の向きが、地面に対して水平に揃って浮かぶと、太陽の光を規則正しく反射させるようになって、光の柱のように見えるようになります。

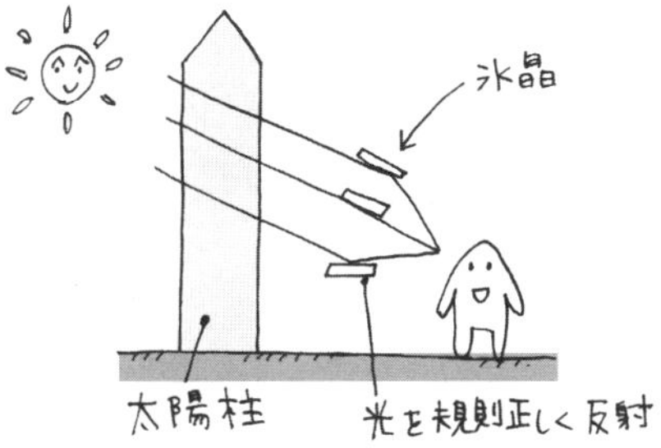

今日のおさらい

- ダイヤモンドダストは空気中《くうきちゅう》の水蒸気《すいじょうき》が凍《こお》ったもの
- 観測上《かんそくじょう》では、ダイヤモンドは雪《ゆき》、氷霧《ひょうむ》は霧《きり》
- 水蒸気《すいじょうき》が直接《ちょくせつ》に凍《こお》って氷《こおり》になることを昇華《しょうか》という

関連の授業 ➡ 4月-3　1月-3

2月
2

オゾン層《そう》ってなに?

難易度

環境問題《かんきょうもんだい》の一《ひと》つに「オゾン層《そう》の破壊《はかい》」があります。オゾンがどうしてできるのか?　どうして破壊《はかい》されているのか?　そのあたりを説明《せつめい》したいと思《おも》います。

オゾン層《そう》って空《そら》のどの辺《へん》にあるの?

➡地上から10 ～ 50km上空に、「オゾン」という気体が多く集まった大気層があるのだけど、中でもオゾンの濃度が高い15 ～ 30km付近がいわゆるオゾン層です。

オゾンってなに?

➡オゾンは化学式でO_3と記します。Oとは酸素の粒のことなので、オゾンは酸素の粒が3つ集まった物質になります。私たちが普段呼吸している酸素はO_2なので、オゾンより1つ酸素の粒が少ない構造になります。

オゾン層《そう》は何《なに》をしているの?

➡太陽の光には、生物にとって有害な紫外線《しがいせん》が含まれているけど、これを吸収してくれているのがオゾンです。仮に、上空にあるオゾン層を地上付近にもってきたとしたら、その厚さは約3mm程度になります。層というより膜に近いこの貴重なオゾンが、有害な紫外線から僕たちを守ってくれているんです。

ちょっと一言いいかしら?

オゾンの臭いのお話を少々

オゾン(Ozone)はギリシャ語のＯｚｅｉｎ(臭う)が語源で、青臭い特有の臭いをもっています。また、酸素(O_2)に酸素の粒(O)が結合した構造のため、酸素の粒(O)を放出して、元の酸素(O_2)に戻ろうとする性質をもっています。この性質を利用して、放出された酸素の粒(O)を、周りの物質と酸化させて、除菌効果を期待したオゾン商品も近頃増えています。

オゾンの作《つく》られ方《かた》

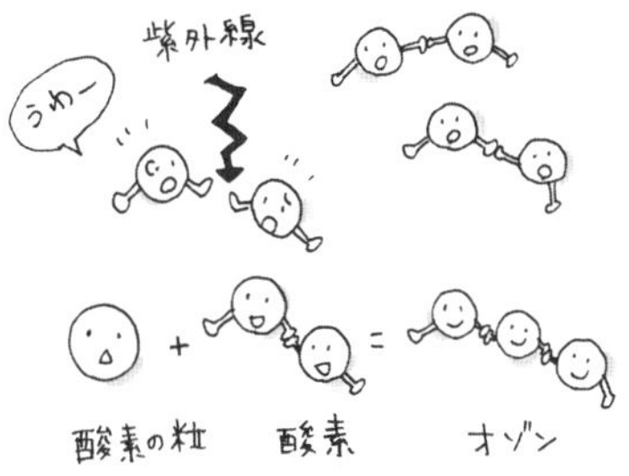

オゾン(O_3)の生成は、酸素(O_2)に太陽の光(紫外線)がぶつかることから始まります。
酸素(O_2)に紫外線がぶつかると、結合していた2つの酸素の粒が引き離されてしまうんです。そして、離れて1つになった酸素の粒(O)が、新たな酸素(O_2)と出会ってくっつくと、オゾン(O_3)が生まれます($O + O_2 = O_3$)。
でも、そうしてできたオゾン(O_3)も、また紫外線によって酸素の粒が引き離されてしまうので、オゾンが増え続けることはなく、一定量のバランスを保っているのです。

オゾンを破壊《はかい》している犯人《はんにん》

オゾン層はずっと、「紫外線の量」「酸素の量」「オゾンの量」の微妙なバランスを保ってきましたが、近年、主にフロンガスの影響でこのバランスが崩れてきていることがオゾン層の破壊につながっています。
人間活動によって作られたフロンは、上空に昇っていくと、紫外線によって「塩素」「炭素」「フッ素」に分解されるのですが、オゾンを破壊している犯人は、このうちの「塩素」です。

破壊《はかい》を繰《く》り返《かえ》す塩素《えんそ》

塩素(Cl)は、オゾン(O_3)を構成している3つの酸素の粒のうち、1つを引き離して一緒に結合してしまい、$Cl + O = ClO$ (一酸化塩素)になってオゾンを破壊していきます。たちが悪いのは、この一酸化塩素(ClO)は引き離した酸素の粒(O)とすぐに分かれてしまい、再び別のオゾン(O_3)にちょっかいを繰り返すのです。1つの塩素(Cl)は、約10万個のオゾンを破壊するといわれています。

今日のおさらい

- **オゾンは化学式《かがくしき》でO_3、酸素《さんそ》の粒《つぶ》(O)と酸素《さんそ》(O_2)が集《あつ》まった物質《ぶっしつ》**
- **フロンが紫外線《しがいせん》で分解《ぶんかい》されて出《で》る「塩素《えんそ》」が「オゾン層《そう》の破壊《はかい》」の犯人《はんにん》**
- **1つの塩素《えんそ》(Cl)は、約《やく》10万個《まんこ》のオゾンを破壊《はかい》するといわれている**

関連の授業 ➡ 2月-3

2月
3

酸性雨《さんせいう》ってなに？

難易度

生命《せいめい》に恵《めぐ》みをもたらす雨《あめ》や雪《ゆき》だけど、酸性雨《さんせいう》や酸性雪《さんせいせつ》となって地上《ちじょう》に降《ふ》ると、湖沼《こしょう》の酸性化《さんせいか》や森林《しんりん》の衰退《すいたい》につながり、国境《こっきょう》を越《こ》えた問題《もんだい》になるんだ。

そもそも酸性《さんせい》って何だろう？

➡モノを水に溶かした液体のことを水溶液というんだけど、その水溶液の性質を、それぞれ酸性やアルカリ性として表現します。中学の理科で代表的な水溶液を「塩酸＝酸性」、「アンモニア＝アルカリ性」と習うと思うけど、酸っぱいものを酸性、苦いものをアルカリ性と覚えておくといいよ。

酸性《さんせい》ってどうやって決めてるの？

➡酸性やアルカリ性の度合い（強さ）を表わす指標に、pHという値が使われています。pHは、酸性からアルカリ性までを0～14の値で表わしていて、真ん中の7を中性とします。そして、中性の7よりも数字が大きければアルカリ性が強く、低ければ酸性が強くなるんだ。

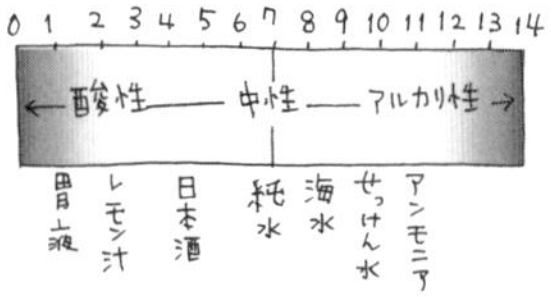

酸性雨《さんせいう》はどのくらい酸性《さんせい》なの？

➡実は雨ってもともと弱い酸性なんだ。純水は7で中性だけど、雨は大気中の二酸化炭素が溶けているため、pHは約5.6となっているんだ。だから酸性雨とは、pHが5.6以下の雨をいう場合が多いようです。

ちょっと一言いいかしら？

酸性雨の対策のお話を少々

2001年より東アジアでは、「東アジア酸性雨モニタリングネットワーク（EANET）」が日本主導で本格始動していて（参加国は13カ国）、モニタリングや情報交換を行っています。

私たち個々人ができることは省エネですね。節電や車のアイドリングなどに気をつけて、酸性雨の原因になる排出ガスを抑える生活を送りたいものです。

❖ 酸性雨《さんせいう》の原因《げんいん》

酸性雨は、工場や車の排気ガスが、化学変化を起こして酸性物質となって降ってくる現象です。
酸性雨が降る仕組みは、次のようになります。

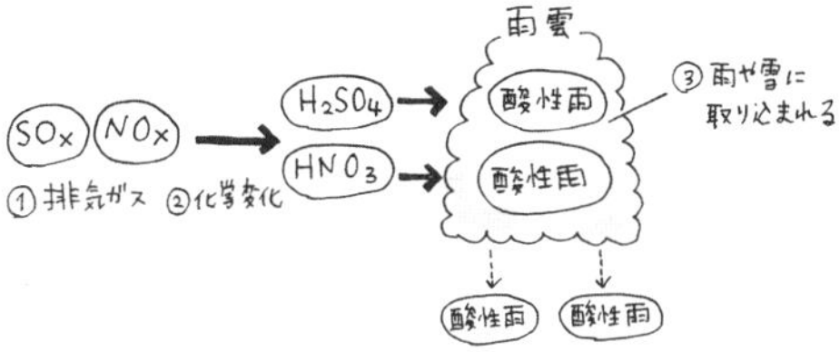

①工場や発電所、車などから、「硫黄酸化物（SOx）」や「窒素酸化物（NOx）」を含んだ排気ガスが排出される
②排出された「硫黄酸化物（SOx）」や「窒素酸化物（NOx）」が、酸素や窒素と化学反応を起こして、酸性濃度が高い「硫酸（H_2SO_4）」や「硝酸（HNO_3）」に変化する
③「硫酸」や「硝酸」が雨や雪に取り込まれて地上に降ってくる

酸性物質は雨に溶け込むだけでなく、ガスや粒子として直接地上に降ってくる場合もあります。

❖ 酸性雨《さんせいう》の影響《えいきょう》

酸性雨が降り続くと、森林が枯れたり、湖沼の魚が死滅したり、コンクリートや石でできた建造物を溶かしてしまうなど、国境を越えて大きな被害を及ぼします。
日本でも、鎌倉の大仏が溶けるなど、歴史的建造物の被害が報告されているんだ。

■森林や植物への影響
酸性雨によって土や水の性質が変わってしまい、立ち枯れが起きています。ドイツのシュバルツバルト（黒い森）など、ヨーロッパや北米での被害も報告されています。

■土壌への影響
土壌が酸化して栄養分が流れ出したり、微生物《びせいぶつ》が死滅することで、農作物の収穫が減少する被害が報告されています。

■建物への影響
コンクリートや大理石の建物や彫刻を溶かしたり、銅の屋根や銅像にサビを発生させたりします。

■湖沼への影響
湖沼が酸性化してしまうと、魚や昆虫、貝や甲殻類が減ってしまうことが報告されています。

今日のおさらい

- 酸性雨《さんせいう》とは、一般的《いっぱんてき》にpHが5.6以下《いか》の雨《あめ》をいう
- 酸性雨《さんせいう》の原因《げんいん》は、工場《こうじょう》や車《くるま》から出《で》る「硫黄酸化物《いおうさんかぶつ》」や「窒素酸化物《ちっそさんかぶつ》」
- 酸性雨《さんせいう》は森《もり》を枯《か》らしたり、魚《さかな》を死滅《しめつ》させ、コンクリートや大理石《だいりせき》も溶《と》かす

関連の授業 ➡ 7月-5　2月-2

2月
4

天気《てんき》は人工的《じんこうてき》に変《か》えられるの?

難易度

飛行機雲《ひこうきぐも》も一種《いっしゅ》の人工的《じんこうてき》な雲《くも》だし、人工降雨《じんこうこうう》の研究《けんきゅう》も進《すす》んでいるんだよ。天気《てんき》をコントロールして、水不足《みずぶそく》で困《こま》っている人《ひと》を助《たす》けられるといいね。

飛行機雲《ひこうきぐも》は人工的《じんこうてき》な雲《くも》だったの?

➡飛行機の後ろに真っ白に伸びるものは、エンジンの煙じゃなくて本物の雲なんです。飛行機が飛ぶ高さや、上空の空気の湿り具合などの条件がそろったときにできます。だから飛行機雲も人工的な雲の一種なんだよ。

人工降雨《じんこうこうう》の研究《けんきゅう》って、どのくらい進《すす》んでいるの?

➡人工的に雨を降らせるには、「雨雲を作る」か「雨雲を刺激して雨を降らせる」かのどちらかなんだけど、現在研究が進んでいるのは後者の方になります。まったく雲がないところから雨を降らせることはまだまだ難しいみたいだね。

逆《ぎゃく》に、晴《は》らすことはできないの?

➡降り始めた雨を止めることは難しいけど、雨雲が近づく前に雨を降らして雲を消し、特定の地域を晴れにする実験は行われているようです。2008年の北京オリンピック開会式では、前夜の天気予報は雷雨だったのに、オリンピック会場に近づく前に人工的に雨を降らせた結果、雨雲が消滅して、開会式の時間帯は見事に晴れたよね。

ちょっと一言いいかしら?

人工的に作った雪の話を少々

1938年に北海道大学の中谷先生が、世界で初めて、実験室で人工的に雪の結晶を作ることに成功しました。このときはウサギの毛を雪の種として利用したそうです。これ以降、世界各地で雪の結晶を作る装置が考案されて、雪の結晶のメカニズムを調べる研究が発展していきました。

飛行機雲《ひこうきぐも》はどうしてできるの？

飛行機雲のでき方は、大きく分けて２種類あります。
一つ目は「排気ガスによってできる雲」。飛行機が飛ぶ高さは夏でも氷点《ひょうてん》下《か》なんだけど、そこに暖かい排気ガスが出ると、排気ガスに含まれた水蒸気が凍って雲の粒がたくさん作られるんだ。これを地上から見ると飛行機雲になります。
排気ガスの中には、水蒸気のほかにガソリンの燃えカスなどが含まれているのだけど、この燃えカスが種になって水蒸気を集合させて、雲の粒になる手助けをしているんだよ。

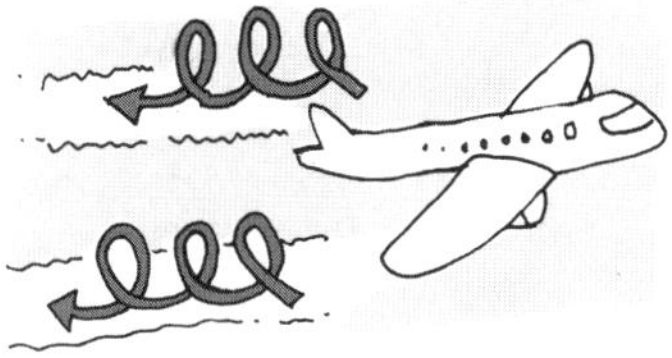

2つ目は「空気の渦巻きによってできる雲」です。
飛行機が高速で飛ぶと、翼の後ろに空気の渦巻きが作られるんだ。この渦巻きによって周りの空気の温度が下がって雲を作り出すことがあります。

飛行機雲《ひこうきぐも》でできる天気予報《てんきよほう》

飛行機雲は、できてもすぐに消えてしまう場合と、いつまでも消えずに残っているときがあるでしょ。すぐに消えてしまうのは、空気が乾燥していて雲が蒸発してしまうことが理由です。
反対に、いつまでも消えない場合は、上空に湿った空気が入っている証拠です。そういうときは天気が下り坂になることが多いんだよ。

人工降雨《じんこうこうう》はどうやって行《おこな》われているの？

人工降雨は英語でcloud seedingとよばれていて、「雲の種《たね》まき」と訳すことができます。
飛行機雲のでき方で、ガソリンの燃えカスが雲の種になる説明をしたけれど、実は人口降雨も同じカラクリです。水分をたくさん含んだ雨雲の中に種をまくことで、雨雲を刺激して、雲粒を雨粒に成長させているんです。
雲の種ってどんなものか気になりませんか？それは気象条件によって異なるようだけど、ヨウ化銀やドライアイス、塩などを使った研究が進んでいるようです。

今日のおさらい

- **飛行機雲《ひこうきぐも》ができる原因《げんいん》は、排気《はいき》ガスと飛行機《ひこうき》の高速移動《こうそくいどう》**
- **飛行機雲《ひこうきぐも》がいつまでも消《き》えなかったら、天気《てんき》は下《くだ》り坂《ざか》の可能性《かのうせい》あり**
- **雨雲《あまぐも》の中《なか》に種《たね》を散布《さんぷ》して、人工降雨《じんこうこうう》の実験《じっけん》が行《おこな》われている**

関連の授業 ➡ 10月-4

2月 5

寒波《かんぱ》はどうやってやってくるの？

難易度

寒波《かんぱ》には周期《しゅうき》がある場合《ばあい》が多《おお》く、やってくる時期《じき》によって「○○寒波《かんぱ》」と報道《ほうどう》されることが多《おお》いようです。

寒波《かんぱ》ってなんですか？

➡シベリアからやってくるとても冷たい空気（寒気）が、まるで波のように何回もやってくる現象を「寒波」っていいます。寒波がくると、一日で気温が5～10℃くらい下がることもあるんだ。

寒波《かんぱ》に周期《しゅうき》があるの？

➡寒波は一定の周期をもっている場合が多いんだ。その理由は、上空にある偏《へん》西風《せいふう》という西風の動き方に関係があります。偏西風は地球をぐるっと取り巻いている風なんだけど、この風がしめ縄のような役割をして、北側の寒気の南下を抑えています。しかし、図のように、しめ縄が緩んで、南北に蛇行《だこう》するようなうねりをすると、場所によって寒気が南下したり、暖気が北上したりします。

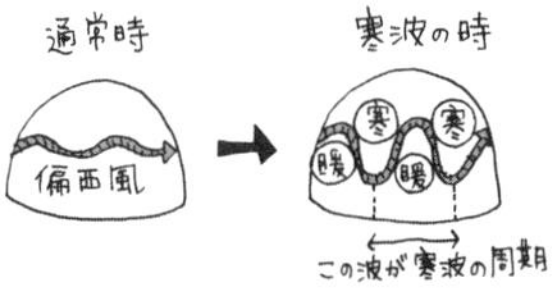

寒波《かんぱ》が居座《いすわ》るといのはどういうこと？

➡偏西風の蛇行がさらに発達すると（しめ縄がもっと緩んだ状態）、ショートカットした流れができてしまって、寒気が切り離されてしまう場合もあるんだ。これをブロッキングというんだけど、こうなると数週間、強い寒さが続くことになります。

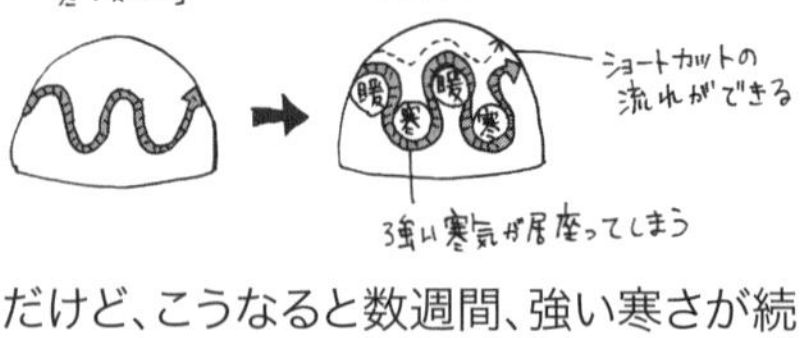

寒波《かんぱ》の「波《なみ》の数《かず》」と「寒《さむ》さ」の関係《かんけい》

通常、北極地方を中心とした冷たい空気（寒気）は、偏西風の影響をうけて５～８つの波に分かれているのだけど、南北の蛇行が強まって、図のように３～４つの波に変化することがあります。

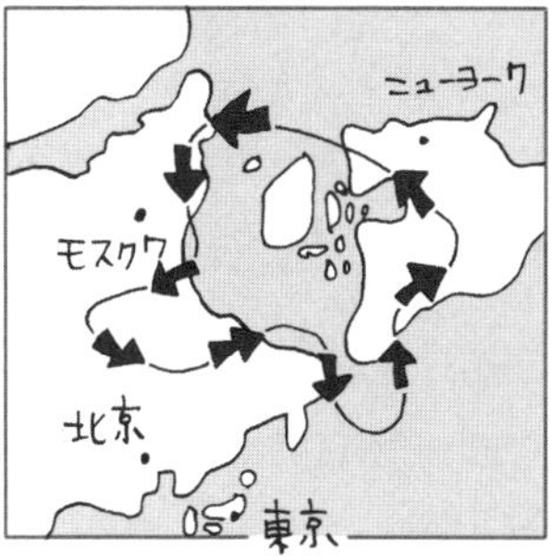

波の数が多いと、そのぶん寒波の周期は早まるけれど、波の数が少なくなると、大寒波のおそれがでてきます。

複数の波で分散されていた寒気が、まとまってギュッと詰め込まれるイメージだね。

偏西風《へんせいふう》が蛇行《だこう》する理由《りゆう》

北極地方にある寒気は、いつも南へ降りてこようとするのだけど、それを押し留めてくれているのが偏西風です。偏西風のおかげで、僕たちはいつも強い寒さに見舞われずにすんでいます。

しかし、いろいろな影響によって、北極地方と中緯度付近の温度差が小さくなってしまうと、上空の偏西風が弱まって寒気を抑えることができなくなってしまい、日本付近に冷たい寒気が流れ込んでくるんだ。

先に説明した、しめ縄がさらに緩んで、ブロッキングをおこしてしまうのも、このような理由の一つです。

ちょっと一言いいかしら？

寒冷渦のお話を少々

偏西風の南北の蛇行が発達して、ブロッキングにより本体の流れから切り離された低気圧を「寒冷渦《かんれいうず》」とよびます。あまり聞きなれないかもしれませんが、これがかなりの曲者です。

寒冷渦は上空に強い寒気を伴っているので、大雨や雷、突風や竜巻を起こすとても危険な低気圧なのです。地上天気図では前線のない小さな低気圧にしか解析されないので、まるで忍者のようです。

❖ 高層天気図《こうそうてんきず》でわかる寒波《かんぱ》の様子《ようす》

テレビやラジオの天気予報では、「上空5000mで－30℃の寒気が・・・」という表現をすることがあります。この上空の寒気は、普通の天気図（地上天気図）ではわからないので、高層天気図という資料を使うことになります。

図は500ｈPaの高層天気図ですが、だいたい上空4900～5800m付近の天気図になります。

実線は等高線といって高度を表わし、点線は等温線といって温度を表わしています。500ｈPaでは、－30℃の等温線が雪を予測する際の目安になっていて、－35℃以下になると大雪の可能性も出てきます。

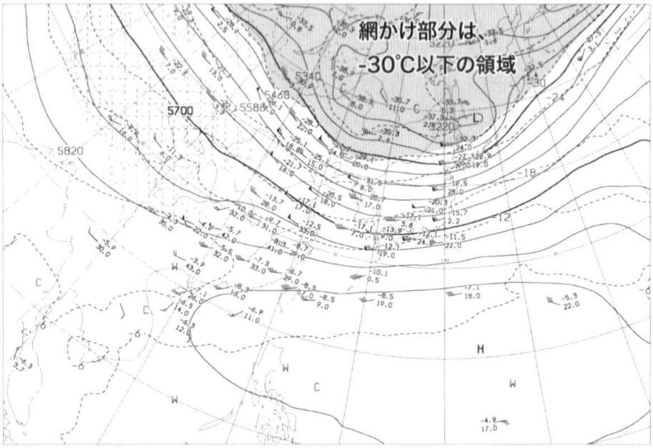

今日のおさらい

- **偏西風《へんせいふう》が南北《なんぼく》に蛇行《だこう》すると、寒気《かんき》が南下《なんか》したり暖気《だんき》が北上《ほくじょう》する**
- **偏西風《へんせいふう》の蛇行《だこう》の発達《はったつ》で、寒気《かんき》や暖気《だんき》が切《き》り離《はな》されてしまう場合《ばあい》がある**
- **500hPa高層天気図《こうそうてんきず》では、－30℃が雪《ゆき》の目安《めやす》**

関連の授業 ➡ 12月-5

3月

寒さが和らいで暖かくなる頃だね

3月20日頃を春分《しゅんぶん》といい、

この日を境に夜より昼が長くなるよ

東京の桜が開花して、卒業式の季節だね

3月 1

雪崩《なだれ》はどうしておきるの?

難易度

雪崩《なだれ》は山《やま》の斜面《しゃめん》に積《つ》もった雪《ゆき》が滑《すべ》り落《お》ちる現象《げんしょう》だけど、発生時期《はっせいじき》は真冬《まふゆ》のほかに、雪解《ゆきど》けの３月《がつ》ごろにも多《おお》くみられます。

雪崩《なだれ》が起《お》きる仕組《しく》みはなに?

➡斜面に降る雪は、①滑り出そうとする重力　②地面との摩擦力《まさつりょく》　③雪同士の結合力　のバランスを保って崩れずに積もっていきます。でも、何かの拍子でこのバランスが崩れると、「重力」に引っ張られて雪崩が発生します。

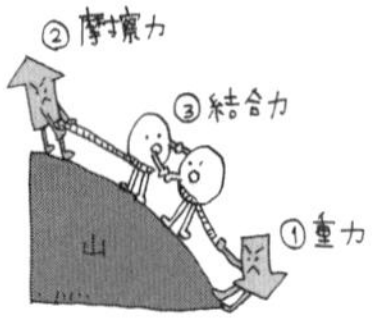

どんなときにバランスが崩《くず》れるんだろう?

➡雪質や気温の違う雪が層状に積もっていくと、層と層の間に「弱層」とよばれる雪同士の結合力が弱い層ができ、バランスを崩しやすくなります。また、日射や気温、雨の影響で雪が融けたときは、地面との摩擦力が弱まって、バランスが崩れてしまいます。

雪崩《なだれ》はどのくらいの距離《きょり》まで届《とど》くの?

➡雪崩は、「全層雪崩《ぜんそうなだれ》」と「表層雪崩《ひょうそうなだれ》」の２種類に大別できます。「全層雪崩」は雪崩が発生する地点から24度の角度、「表層雪崩」は18度が危険な範囲です。

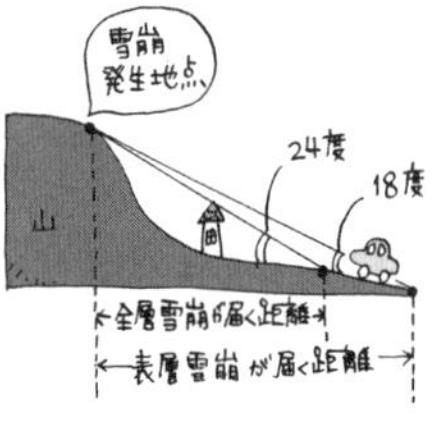

ちょっと一言いいかしら?

雪崩のスピードのお話を少々

表層雪崩の方が、全層雪崩に比べて遠くまで滑り落ちるという説明がありましたが、これは雪崩のスピードにも関係しています。表層雪崩のスピードは、約100～200km/hで、新幹線と同じくらいです。一方で、全層雪崩は約40～80km/hで、これは自動車と同じくらいになります。スピードが速い方が、崩れた雪が遠くまで届くということですね。

❖ 雪崩《なだれ》の種類《しゅるい》　~表層雪崩《ひょうそうなだれ》~

机の上に重ねて積んでいた本が、雪崩のように崩れ落ちてしまった経験ってあるよね?

これはほんものの雪崩の仕組みと似ているんです。

「弱層」とは、異なる雪質が降り積もるうちに、雪同士の結合力が弱い層だって説明したよね。

本も同じで、辞書や参考書、ノートにファイル・・・異なるサイズや紙質の書籍を積み重ねると、だんだん不安定になります。

図のように積み重なった本の山で、「弱層」はどこだと思うかな?

真ん中付近のファイルが不安定そうだよね。材質も柔らかそうだし、表面はツルツルして滑りそう。崩れるとしたら、この弱層より上の部分になりそうです。

このように積雪全体のうちで、弱層より上の雪だけが滑り落ちる現象を、表層雪崩とよびます。

❖ 雪崩《なだれ》の種類《しゅるい》　~全層雪崩《ぜんそうなだれ》~

急に気温が高くなって雪が溶け出したり、雨が降ったりすると、積雪と地面との間の摩擦力が弱くなり、積雪全体が滑り落ちる現象を、全層雪崩とよびます。主に雪解け頃の春先に多く発生するのが特徴です。厳冬期に多い表層雪崩は真逆ですね。

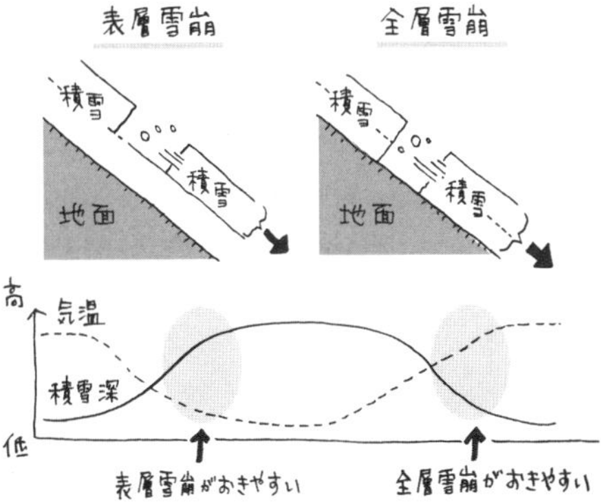

今日のおさらい

- 斜面《しゃめん》の雪《ゆき》は、「重力《じゅうりょく》」「摩擦力《まさつりょく》」「結合力《けつごうりょく》」のバランスで積《つ》もる
- 表層雪崩《ひょうそうなだれ》は弱層《じゃくそう》より上《うえ》の雪《ゆき》だけが滑《すべ》り落《お》ちる
- 表層雪崩《ひょうそうなだれ》は厳冬期《げんとうき》に、全層雪崩《ぜんそうなだれ》は春先《はるさき》に発生《はっせい》しやすい

関連の授業 ➡ 5月-5　1月-3

3月 2 津波《つなみ》のことをちゃんと知《し》りたい

難易度

2011年《ねん》3月《がつ》11日《にち》午後《ごご》2時《じ》46分頃《ふんころ》、三陸沖《さんりくおき》を震源《しんげん》に国内観測史上最大《こくないかんそくしじょうさいだい》規《き》模《ぼ》M9.0の地震《じしん》が発生《はっせい》。これに伴《ともな》う大津波《おおつなみ》が、大《おお》きな被害《ひがい》をもたらした。

津波《つなみ》はどうして発生《はっせい》するんだろう?

➡津波のほとんどは、海底で地震が発生することでおきているんだ。地震によって海底が変動すると、海水が持ち上げられたり(引き下げられたり)して、海面に凹凸ができるので、それが伝播《でんぱ》されて津波になります。

数十《すうじゅっ》cmの津波《つなみ》でも危険《きけん》なのはどうして?

➡津波について、押したり引いたりする波浪《はろう》(普通の波)のイメージをもっている人は多いようです。波浪(普通の波)と津波は、波のエネルギーも波長も大きく違うんだ。穏やかな浜辺の波間ではなく、激流の川の真ん中にいる状態を想像してみてください。50cmの津波でも、車を簡単に流し去るほどの力をもっているんです。

津波《つなみ》の高《たか》さは、どこからの高《たか》さを予想《よそう》しているの?

➡「2m程度の津波が予想されますので警戒してください」これは、気象庁が発表する津波警報のサンプルだけど、ここでいう「2m程度の高さ」とは、海岸付近の、普段の海面の高さが2m程度高くなることを意味しています。

ちょっと一言いいかしら?

津波の語源のお話を少々

津波は国際表記でも「TSUNAMI」と書いて、世界共通語になっています。
その理由は、1946年におきた大地震で、ハワイに津波が押し寄せた際、日系人が「ツナミ!」と叫んだことがきっかけといわれています。
津波の語源は、「強波(つよなみ)」が「つなみ」になったという説や、「津」には港という意味があるので、港を襲う波ということから「津波」となった説があるようです。

津波《つなみ》と波浪《はろう》　～エネルギー（破壊力《はかいりょく》）の違《ちが》い～

津波と波浪（普通の波）は同じ波の現象ではあるけれど、波浪は海面が風に吹かれることで発生したものです。だから押し寄せる海水が、たとえば50cmの波だったら、高さ50cmぶんが波のエネルギーになります。

一方津波は、地震や海底火山などによって海全体が震える現象なので、海底から海面までの海水全体が動くエネルギーになります。

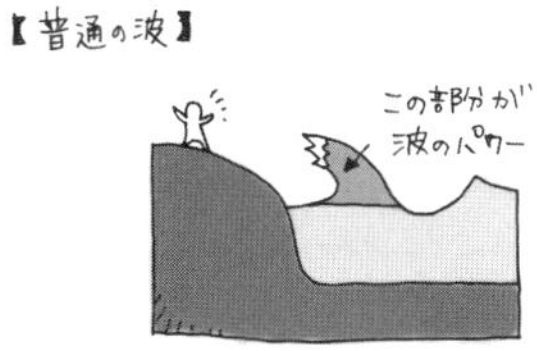

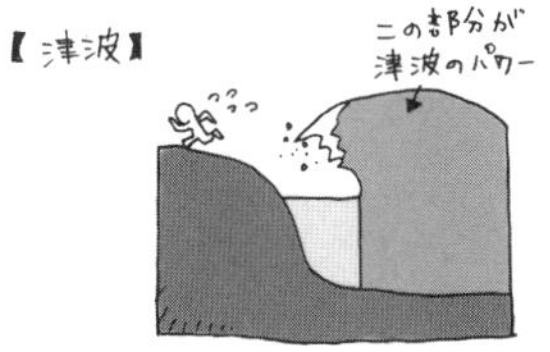

津波《つなみ》と波浪《はろう》　～波長《はちょう》の違《ちが》い～

波長とは、波から波までの長さのことをいいます。

波浪（普通の波）は、波から波までの長さは数m程度です。浮き輪にのって遊んでいても、1つの波で数m移動するぐらいですね。ところが津波の波長はものすごく長くて、数百kmにもなります。波というより、海全体が盛り上がって押し寄せててくるイメージだと思います。

押したり引いたりする波浪（普通の波）とは根本的に違うので、押したらしばらくは押し続ける。そして、押し寄せた海水は一気に引くので、大きな被害を引き起こしてしまうのです。

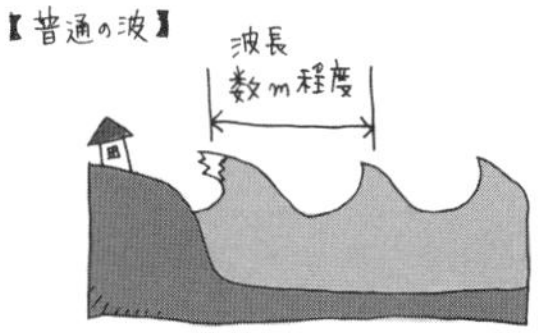

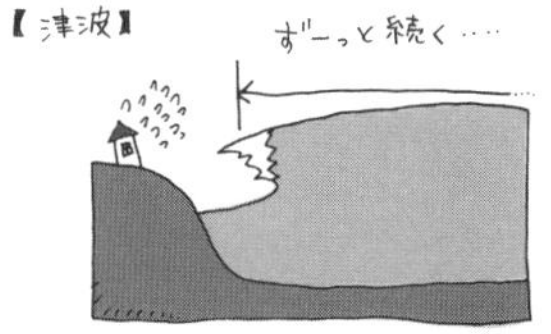

津波《つなみ》のスピード

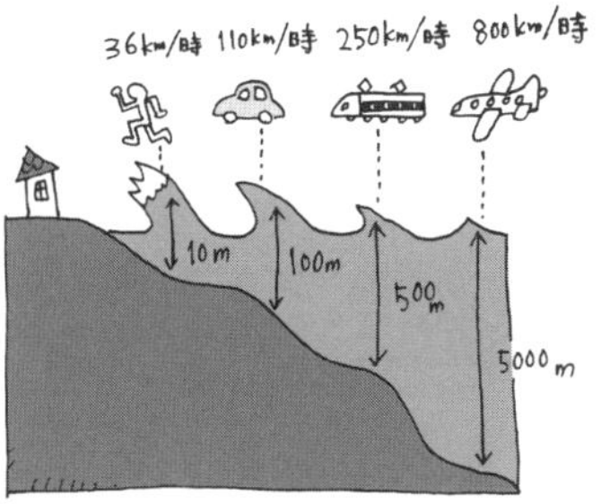

津波は、水深5,000mの沖合いでは、ジェット機に匹敵する約800km/時で移動します。水深が深いと速く、水深が浅い沿岸では遅くなるという特徴をもっているものの、水深100m付近で100km/時を超え、陸地近くの水深10mまで迫っても、約36km/時の速さを保っています。36km/時というとオリンピックの陸上競技100m走の選手レベルなので、走って逃げてもかなうわけないのです。

今日のおさらい

- 津波《つなみ》は、海底《かいてい》から海面《かいめん》までの海水全体《かいすいぜんたい》がエネルギーとなって押《お》し寄《よ》せる
- 波浪《はろう》の波長《はちょう》は数《すう》ｍだが、津波《つなみ》は数百《すうひゃく》kmにも及《およ》ぶ
- 津波《つなみ》の速度《そくど》は水深《すいしん》が深《ふか》いと速《はや》く、水深《すいしん》が浅《あさ》い沿岸《えんがん》では遅《おそ》くなる

関連の授業 ➡ 5月-5　1月-4

3月3

「一時雨《いちじあめ》」ってどのくらい降《ふ》るの？

難易度

天気予報《てんきよほう》の「一時《いちじ》」「ときどき」「のち」という用語《ようご》は時間《じかん》の経過《けいか》による天気《てんき》の移《うつ》り変《か》わりを表《あらわ》しているよ。整理《せいり》してみよう。

「一時雨《いちじあめ》」と「ときどき雨《あめ》」ってどっちが雨《あめ》の時間《じかん》が長《なが》いの？

➡「一時」も「ときどき」もなんとなく曖昧《あいまい》なイメージだけど、これは時間の経過を表現した用語なので、その長さは明確です。「一時」は、時間が全体の1/4未満を意味しているので、24時間で6時間未満の雨、「ときどき」は時間が全体の1/2未満なので、24時間で12時間未満の雨ということになります。つまり「ときどき」のほうが「一時」より時間が長いんです。

「断続的《だんぞくてき》」ってどのくらい断続《だんぞく》するの？

➡天気予報では「断続的」という表現を使うときがあります。気象庁では、「断続」を現象の切れ間がおよそ1時間以上、「連続」を現象の切れ間がおよそ1時間未満と定義してるんだ。だから雨が降ったり止んだりの間が1時間以上だったら、断続的ってことになるよ。

「ところにより」の、ところってどこ？

➡実は、どこだかわからないのです。「ところにより」とは、どこかはわからないけれど予報地域の1/2未満の場所で発生するときに用いられます。「ところにより一時雨」や「ところによりにわか雨」のように使われます。

ちょっと一言いいかしら？

天気予報を上手に利用するお話を少々

天気予報には、「晴れときどき雨」という「言葉の予報」と、「降水確率30%」という「確率の予報」があります。「確率の予報」は、経済的な機会損失（コスト/ロス モデル）を抑える目的で生まれた予報なので、「言葉の予報」とはその性質が異なっています。2つの予報を上手に組み合わせて活用することが大切です。

晴《は》れ一時雨《いちじあめ》のパターン

「一時」の定義は、「現象が連続的に起こり、その現象の発現期間が予報期間の1/4未満のとき」とあります。「晴れ一時雨」は、「雨が連続的に降って、雨が降っている期間が24時間の6時間未満のとき」といえます。図にするとこんな感じです。雨マークが連続に5つ続いてるので、24時間の6時間未満（1/4未満）になってるよね。

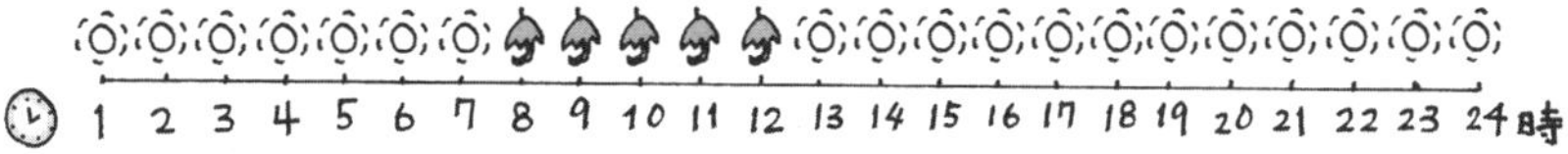

それから連続的とは「現象の切れ間がおよそ1時間未満」だから、8時~12時の雨の期間は、1時間以上別の天気にならないことになります。

晴《は》れときどき雨《あめ》のパターン

「ときどき」の定義は、「現象が断続的に起こり、その現象の発現期間の合計時間が予報期間の1/2未満のとき」とあります。「晴れときどき雨」は、「雨が断続的に降って、雨が降っている期間の合計が24時間の12時間未満のとき」といえます。

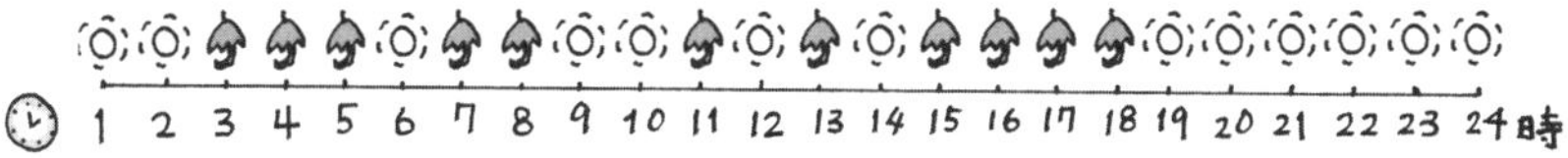

雨マークの合計が11個なので、24時間の12時間未満（1/2未満）になってるよね。
断続的の定義「現象の切れ間がおよそ1時間以上」もポイントだよ。

晴《は》れのち雨《あめ》のパターン

「のち」の定義は、「予報期間内の前と後で現象が異なるとき、その変化を示すときに用いる」とあります。「晴れのち雨」は、「24時間の前と後で雨に変わるとき」となります。

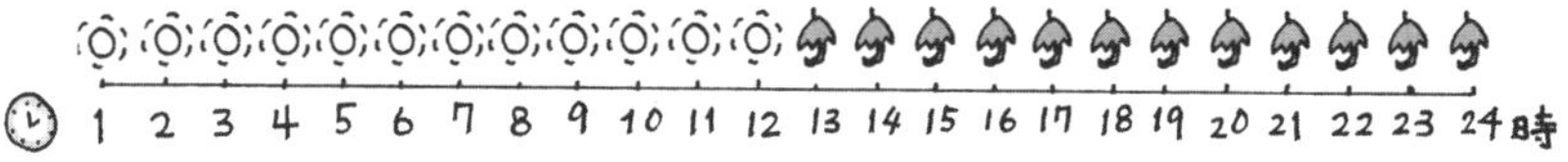

今日のおさらい

- **「一時《いちじ》」と「ときどき」を比《くら》べると、「ときどき」の方《ほう》が時間《じかん》が長《なが》い**
- **「連続的《れんぞくてき》」でも、1時間未満《じかんみまん》で天気《てんき》が変《か》わる可能性《かのうせい》がある**
- **「のち」は前《まえ》と後《うし》ろで天気《てんき》が完全《かんぜん》に移《うつ》り変《か》わる**

関連の授業 ➡ 5月-4　10月-2

3月
4

天気予報《てんきよほう》はどうして外《はず》れるの？

難易度

残念《ざんねん》だけど、天気予報《てんきよほう》は100%あたらない。ではどうして外《はず》れてしまうのか？　このテーマでは数値予報《すうちよほう》を学《まな》んでみます。

もしかして気象予報士《きしょうよほうし》がさぼっているのか・・？

➡現在の天気予報は、観測値を基に未来の大気をスーパーコンピュータで予測する数値予報が欠かせません。ただその過程でいろいろな誤差が出てくるんだ。

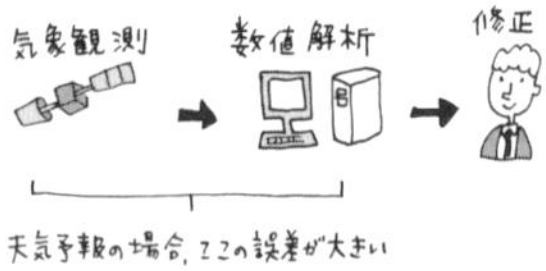

そんなに誤差《ごさ》は大《おお》きいの？

➡初期段階でどうしても小さな誤差は出るんだ。この誤差は、数値予報の計算過程で、時間とともに拡大してしまう。ビリヤードの球を打つ初期の誤差が、結果的にポケットを外してしまうように。

もっとコンピュータが進化《しんか》したら数値予報《すうちよほう》は100%あたるの？

➡残念だけどそれは難しいと思う。それは気象現象がカオス（混沌《こんとん》）だからなんだ。「アマゾンの蝶の羽ばたきが、遠く離れたアメリカに大雨を降らせる」という表現があるのだけど、羽ばたきほどの小さな気流の乱れが、回りまわって遠くの場所の天候に影響を与えることを比喩《ひゆ》したものなんだ。

ちょっと一言いいかしら？

天気予報工場のお話を少々

まだコンピュータがなかったころ、イギリスの気象学者・リチャードソンは「天気予報工場」というアイデアを発表しました。「数万人が大きな劇場に集まって、指揮者の進行の元で計算を行っていけば、実際の時間の進行と同程度の速さで天気を計算できる」という提案でした。この発想は「リチャードソンの夢」とよばれ、現在の数値予報につながる発想だったといわれています。

数値《すうち》予報《よほう》の手順《てじゅん》

数値予報とは、観測値（気温や風、気圧、水蒸気量など）をもとに、物理方程式を使って、その時間経過をコンピュータで計算し、将来の大気状態を予測する手法のことをいいます。

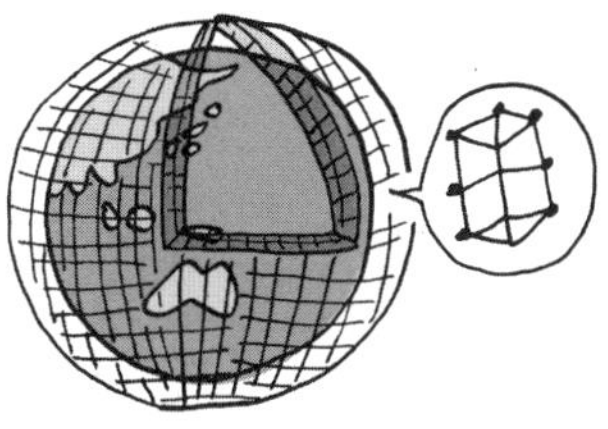

数値予報は、大きく5つの流れで作られていきます。

①観測

初期値のもととなる、気象衛星、レーダー、アメダス、高層気象などの観測データを集めます。

②解析

地球の表面を細かい格子状にわけたモデルを用いて、格子が交わった点ひとつひとつに気温や風、気圧、水蒸気量などの観測データをあてはめて、コンピュータ上に地球の大気状態を再現させます。ちなみに、この点の数は、数千万個に及びます。

③予測

流体力学、熱力学などの物理方程式を使って、時間経過をコンピュータ上でシミュレーションしていきます。

④応用

シミュレーション結果をもとに、天気図などの資料が作られます。

⑤予報

気象予報士により、予報分析が行なわれ、天気予報や警報・注意報などが作られます。

数値《すうち》予報《よほう》の誤差《ごさ》

数値予報の過程では、「初期値の誤差」「数値計算の誤差」「カオスの誤差」などが発生し、これらが天気予報を外す原因につながっていきます。この誤差は完全になくしてゼロにすることは難しいと説明をしたね。でも逆転の発想で、完全な初期値を求めるよりも、少しずつ異なる初期値から計算された数値予報の結果を平均して予報することで、誤差同士を打ち消し合わせて、平均的な大気の状態を予測する手法も一部実用化されています。これを「アンサンブル予報」といい、１ヶ月予報などの季節予報に取り入れられています。

今日のおさらい

- **初期段階《しょきだんかい》の小《ち》さな誤差《ごさ》は、数値予報《すうちよほう》の計算過程《けいさんかてい》で時間《じかん》とともに拡大《かくだい》していく**
- **気象現象《きしょうげんしょう》はカオス（混沌《こんとん》）だから、100%あたる数値予報《すうちよほう》の実現《じつげん》は難《むずか》しい**
- **数値予報《すうちよほう》は、観測値《かんそくち》から時間経過《じかんけいか》を計算《けいさん》、大気状態《たいきじょうたい》を予測《よそく》する手法《しゅほう》**

関連の授業 ➡ 12月-4

3月
5

生物《せいぶつ》季節《きせつ》観測《かんそく》ってなに？

難易度

気象庁《きしょうちょう》が桜《さくら》の開花《かいか》などを観測《かんそく》して発表《はっぴょう》しているのは有名《ゆうめい》ですが、ほかにも、いろいろな動植物《どうしょくぶつ》の動向《どうこう》を観測《かんそく》して、季節《きせつ》の移《うつ》り変《か》わりを調《しら》べています。

どうして観測《かんそく》するの？

➡もともと農業と関係が深いんだ。「あの鳴き声が聞こえたから、そろそろこの種をまかなくちゃ」など、農作業のタイミングの目安として用いられてきたのがはじまりです。

どんなものを観測《かんそく》しているの？

➡植物の発芽・開花・満開・紅葉・落葉などを観測する「植物季節観測」と、鳥や昆虫などの初見・初鳴きなど行う「動物季節観測」を実施しています。

どんなふうに観測《かんそく》しているの？

➡「植物季節観測」の多くは、観察する対象の木（標本木）を定めて観測しています。「動物季節観測」については、気象台の敷地やその付近で観測しています。観測の方法は、気象官署の職員の目視や聴覚で行われています（意外とアナログでしょ）。

■植物季節観測の方法

開花日	植物の花が数輪咲いた日（サクラについては5,6輪）
満開日	植物の花の約80%以上が咲いた日
発芽日	植物の芽の総数の約20%が発芽した日
紅（黄）葉日	対象とする植物の葉の色が大部分紅（黄）色系統の色に変わり、緑色系統の色がほとんど認められなくなった日
落葉日	植物の葉の約80%が落葉した日

■動物季節観測の方法

初見日	動物の姿を初めて見た日
初鳴日	動物の鳴き声を初めて聞いた日

生物《せいぶつ》季《き》節《せつ》観測《かんそく》　～規《き》定《てい》種目《しゅもく》～

日本全国に分布していて、一律に観測できる生物を対象に、観測を行なっています。これら23種目を「規定種目」とよびます。

植物12種目：ウメ、ツバキ、タンポポ、サクラ、ヤマツツジ、ノダフジ、ヤマハギ、アジサイ、サルスベリ、ススキ、イチョウ、カエデ

動物11種目：ヒバリ、ウグイス、ツバメ、モンシロチョウ、キアゲハ、トノサマガエル、シオカラトンボ、ホタル、アブラゼミ、ヒグラシ、モズ

生物《せいぶつ》季《き》節《せつ》観測《かんそく》　～選択種目《せんたくしゅもく》～

「規定種目」には23種目あると説明したけれど、実はこれだけだと季節の移り変わりを十分に把握できない場合があります。そこで「選択種目」といって、全国的には分布していないけど、特定の地方に広く分布していて、興味関心をもたれている生物を対象に観測が行われています。知っている生物も多いんじゃないかな？

植物：スイセン、スミレ、シロツメクサ、ヤマブキ、リンゴ、カキ、ナシ、モモ、キキョウ、ヒガンバナ、サザンカ、デイゴ、テッポウユリ、ライラック、チューリップ、クリ、ヒガンザクラ、オオシマザクラ、アンズ、クワ、シバ、カラマツ、チャ、シダレヤナギ

動物：トカゲ、アキアカネ、サシバ、ハルゼミ、カッコウ、エンマコオロギ、ツクツクボウシ、ミンミンゼミ、ニイニイゼミ、クマゼミ、クサゼミ、ニホンアマガエル

ちょっと一言いいかしら？

トノサマガエルとホタルのお話を少々

気象庁では動物11種目を観測していると説明がありましたが、実は残念なことに、東京など大都市の気象官署を中心に、2011年よりトノサマガエルとホタルを観測対象から外すことになりました。観測対象となる動物は「30年間に8回以上観測」できることが条件なのですが、大都市から姿を消してしまったことで、条件を満たすことができなくなってしまったようです。

❖植物《しょくぶつ》季節《きせつ》観測《かんそく》　～サクラの事例《じれい》～

サクラが開花するためには、気温と密接な関係があります。サクラは春に花が散った後、夏から秋にかけて花の元となる花芽を形成し、冬になると休眠して成長が一旦止まります。そして真冬になると目を覚まして成長を再開し（休眠打破《きゅうみんだは》といいます）、春の開花に向けてつぼみを膨らませていくんです。

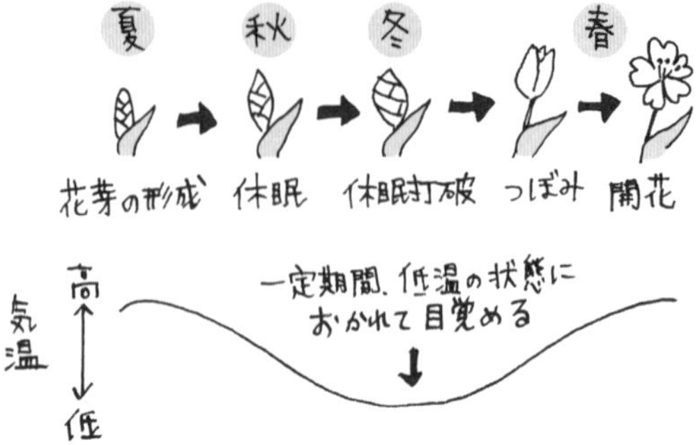

❖植物《しょくぶつ》季節《きせつ》観測《かんそく》　～紅葉《こうよう》の事例《じれい》～

1日の最低気温が8℃以下になると紅葉が始まります。さらに5～6℃以下になると、色づきが一気に進んでいきます。きれいな紅葉になる条件は、日中の気温が20～25℃、夜間は5～10℃くらいで、昼夜の寒《かん》暖差《だんさ》が大きいことが重要です。

図は紅葉が始まる時期を線で結んだカエデの等期日線図《とうきじつせんず》で、いわゆる紅葉前線とよばれるものです。紅葉前線は10月上旬頃から約1ヶ月かけて北海道から九州に向かって、南下していきます。

かえでの紅葉日の等期日線図
(1981～2010年　平年値)

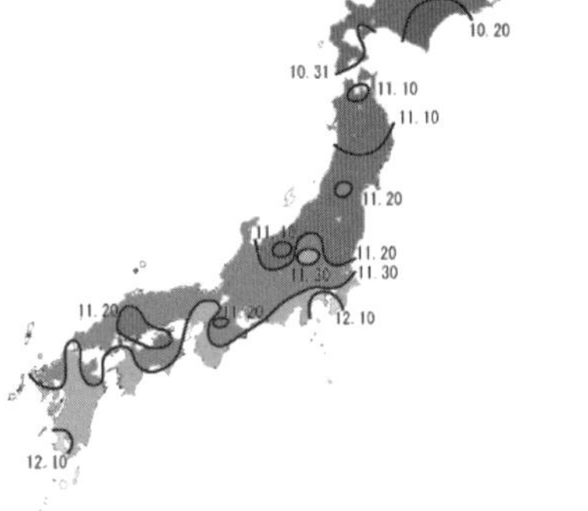

今日のおさらい

- 「生物季節観測《せいぶつきせつかんそく》」には、「植物季節観測《しょくぶつきせつかんそく》」と「動物季節観測《どうぶつきせつかんそく》」がある
- すべての気象官署《きしょうかんしょ》に共通《きょうつう》の「規定種目《きていしゅもく》」と、各官署《かくかんしょ》が選《えら》ぶ「選択種目《せんたくしゅもく》」
- 「規定種目《きていしゅもく》」の観測対象《かんそくたいしょう》は、「30年間《ねんかん》に8回以上観測《かいいじょうかんそく》」できること

関連の授業 ➡ 10月-4

お天気の学校

卒業試験

/100点

1 図は霧のできる仕組みを表わしたものである。次の問いに答えなさい。

5点×2（10点）

1）図は空気が上昇し冷えることで発生した霧です。名称を次のア～エから選びなさい。

ア　放射霧

イ　移流霧

ウ　滑昇霧

エ　蒸気霧

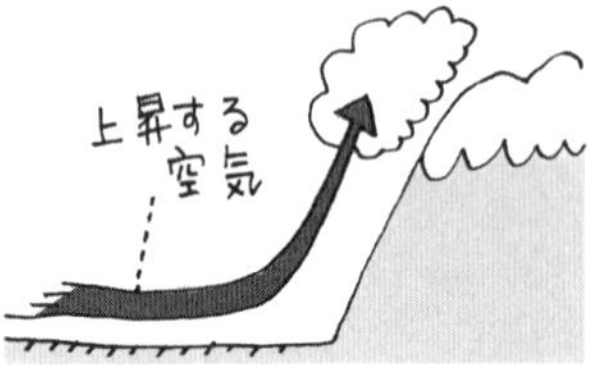

2）図の霧は、ア、イのどちらの理由で作られるか選びなさい。

ア　気温が下がってできる霧

イ　水蒸気が補給されてできる霧

2 図は太陽の光の７色を、色別に並べたものである。次の問いに答えなさい。

5点×8（40点）

1）赤と青を比べると、（　　　　）色が散らばりやすく、（　　　　）色が散らばりにくい。そのため、空いっぱいに青色が広がり、空は青く見える。

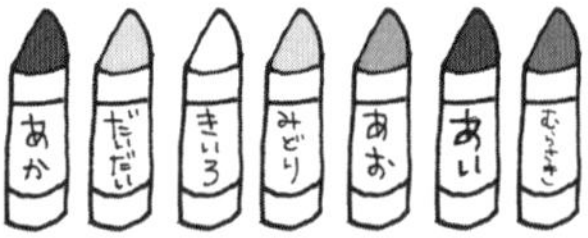

2）夕方になると、太陽の光が空気の中を通過する距離が（　　　　）くなるので、夕焼け空が赤く見えるようになる。

3）７色すべてを反射することで、雲は白く見える。黒い雲の条件は、背丈が（　　　　）い雲や、水分が（　　　　）い雲となる。

4）光が反射する角度は色によって異なるため虹ができる。虹は午前は（　　　　）の空、午後は（　　　　）の空にできる。

5）光は「暖かい空気」と「冷たい空気」の層があると、（　　　　）空気の方に屈折する性質があり、そのため蜃気楼が発生する。

3 台風情報について、次の問いに答えなさい。

6点×5（30点）

1）図は台風の予想進路図である。暴風域について正しい風の定義を、次のア～ウから選びなさい。

ア　5m/秒以上

イ　15m/秒以上

ウ　25m/秒以上

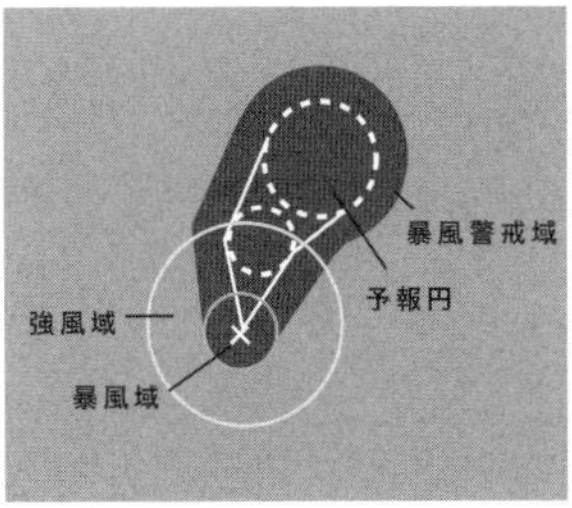

2）予報円の大きさの説明について、正しいものを、次のア～ウから選びなさい。

ア　台風の大きさ（風速の領域）が大きくなるほど、予報円は大きくなる

イ　台風の強さ（最大風速）が強くなるほど、予報円は大きくなる

ウ　予報期間が長くなると、予報誤差が大きくなるため、予報円は大きくなる

3）台風を動かす風について、適切なものを次のア～エから選びなさい。

赤道付近で発生した台風は、最初に（　　）の影響を受けて西に進みます。次に、（　　）から吹き出す風に押し上げられて北上します。台風が中緯度付近に移動すると、（　　）の影響を受けて進路をしだいに東よりに変えていきます。

ア　偏西風　　　イ　太平洋高気圧

ウ　貿易風　　　エ　塵旋風

4 観測について、次の問いに答えなさい。

4点×5（20点）

1）晴れと曇りは、空全体に占める雲の量の割合（雲量）によって決定している。日本では、雲量が（　　）以上を曇りと定義している。

2）アメダスは、降水量、気温、風向・風速、（　　）、積雪の深さを観測している。

3）気象衛星では、温度を観測した画像を赤外画像、人の目で見た状態と同じ光の波長で観測したものを（　　）画像という。

4）氷の塊の直径が5mm以上を（　　）、5mm未満をあられと区別する。

5）ダイヤモンドダストは、観測上は（　　）に分類される。

解答と解説

1

（1） ウ
（2） ア

ちょっと解説

滑昇霧《かっしょうぎり》は、空気が山の斜面を上昇して、空気が冷えて発生する霧です。
放射霧《ほうしゃぎり》、移流霧《いりゅうぎり》、滑昇霧は、気温が下がってできる霧です。一方、蒸気霧、前線霧は、水蒸気が補給されてできる霧になります。

2

（1） 青　赤
（2） 長
（3） 高　多
（4） 西　東
（5） 冷たい

ちょっと解説

太陽の光は、赤、橙、黄、緑、青、藍、紫に分光《ぶんこう》でき、青色グループは、空気の粒やチリ・ホコリなどに散らばりやすい。
光は冷たい空気の方に屈折するが、観測者は曲がった光を見ても、直進した光だと錯覚を起こすため、蜃気楼《しんきろう》が発生する。

3

（1） ウ
（2） ウ
（3） ウ　イ　ア

ちょっと解説

台風の強風域は15m/秒以上、暴風域は25m/秒以上の風の領域を表しています。塵《じん》旋風《せんぷう》は、空き地で木の葉や砂が巻き上がる「つむじ風」のことをいいます。

4

（1） 9
（2） 日照時間
（3） 可視
（4） 雹
（5） 雪

ちょっと解説

雲量が8以下が晴れとなります。
雹《ひょう》は初夏に、あられは初冬に降ることが多い。
ダイヤモンドダストは雪として記録される。氷《ひょう》霧《む》は観測上は霧に分類されます。

あとがきにかえて

お天気の学校の12ヶ月間はいかがでしたか？

人は理解できないことに遭遇すると、恐怖を感じるといわれます。
だから昔の人は、雷鳴は神様の声、お天気雨はキツネの嫁入り、蜃気楼は貝が妖気を吐いたものだと想像し、畏怖の念を抱いたそうです。
科学は、不思議でわからないことを紐解く道具と、えらい人が言っています。
自然現象を科学的に解説できると、日常の景色が違って映るようになります。
一方、カオスな曖昧さも、自然現象の魅力の一つに思えてきます。

もし本書を読まれて、不思議が理解できたと感じたら、次のステップは、自分の言葉を使って、ぜひ誰かに解説してあげてください。
「理解を習得に高めるためには、自分の言葉で説明できること」
これは私が学生時代に、先生にいわれた一言です。

本書準備にあたっては、たくさんの方々にお世話になりました。
松澤志保さんに企画編集としてサポートをいただけなかったら、未だに本書は完成してなかったと思います。
イラストを担当いただいた杉森貴子さんは、大きなお腹で最後までお付き合いいただきました。刊行前に二児の母となられ、本当におめでとうございました。
ブックデザインは渡辺里香さんにお願いできました。忍耐強く、繰り返しの修正を引き受けてくださいました。
東京堂出版の上田京子さんには、昨年の年賀状で本書企画のお話をいただきました。時間が掛かりましたが、温かく見守っていただきました。
そして、豊かな環境の中で、自由奔放に育ててくれた父母と家族に、感謝を込めて本書を贈ることを最後に記したいと思います。

まだまだ朝夕は寒く、先日は東京23区で今年2度目の積雪を観測しました。冬物のコートとマフラーを着込み、これから近くの公園まで出かけてきます。

2012年3月某日　晴れ　東京自宅にて
池田洋人

索引

さ行

た行

な行

は行

ま行

や行

ら行

著者略歴

池田 洋人（いけだ ひろと）

気象予報士

出身：埼玉県大里郡寄居町

民間気象会社で生気象学を組み合わせたWEBアプリやモバイルサイトの企画立案を行う。
2003年から「Yahoo!天気情報」のプロデューサー兼ディレクターとして、全面的なフルリニューアルを行なう。
2005年より株式会社ありんくの取締役COOとして、気象およびWEBビジネスのトータルソリューション事業を立ち上げる。
2008年より、一般財団法人日本気象協会と「tenki.jp」の事業運営に携わる。

イラスト　杉森 貴子
企画・編集　松澤 志保

たのしく学ぼう　お天気の学校 12ヶ月

2012年4月10日　初版印刷
2012年4月20日　初版発行

著者　池田 洋人
発行者　松林 孝至
ブックデザイン　渡辺 里香
印刷・製本　図書印刷(株)
発行所　(株)東京堂出版
〒101-0051
東京都千代田区神田神保町1-17
TEL 03-3233-3741　振替 00130-7-270
http://www.tokyodoshuppan.com

ISBN978-4-490-20777-4　C0040